クレヨンハウス・ブックレット　001

わが子からはじまる

原子力と原発 きほんのき

NPO法人 市民科学研究室代表
[illegible]昌文

本書は、2011年5月28日にクレヨンハウスで行われた「原発とエネルギーを学ぶ朝の教室」での講演をもとに、6月末日現在の状況やデータに基づき加筆、修正のうえ再構成したものです。

クレヨンハウス

はじめに

原発は止めるべき。それに向けてどう動いていくか

東京電力福島第一原子力発電所の大事故は、悪い意味でもよい意味でも、日本の将来を変えようとしています。１００日以上経過した現在でも、事故は収束せず、いつまた放射能が大量に放出されてもおかしくない、まるで綱渡りをしているかのようなきわどい状態が続いています。すでに高濃度に汚染されてしまった地域は広範囲におよび、いまなおからだの外部からあるいは内部から被ばくし続けているひとがたくさんいます。その影響は子どもたちに一番大きく出てくることになるでしょう。この意味で、日本の将来はとても危ういのです。

しかしいま、被ばくを最小化し、二度とこのような事態を起こさないよう、エネルギーのあり方の見直しを含めて大人が真剣に取り組めば、子どもたちがこの先すこやかで元気に過ごせるようにするための〝大きな転換〟を、この日本でつくり出すことができるでしょう。

わたしは原子力の専門家ではないのですが、チェルノブイリ原発事故のときにちょうど学生でした。大変なことが起こったとの思いを強め、市民運動にも加わり（のちに「高木学校」＊１ 創設時にも一期生として参加）、放射能汚染や健康リスクのデータに関心を持ち続け、いまにいたっています。

5年ほど前、低線量被ばくについての研究グループを、わたしたちのＮＰＯ法人市民科学研究室の中につくりました。被ばくをどう抑えていくかの防護の指針になっているＩＣＲＰ（国際放射線防護委員会）の基準はどうやってできたのだろうか、という点について、広島・長崎の原爆調査の歴史に遡って検証する作業を3年ほど行いました。その報告書『原爆調査の歴史を問い直す』をちょうどまとめ終えたとき、東日本大震災と福島第一原発事故が起こりました。

今回の原発事故によって、原発というものが事故を起こした場合の危険性があまりにも大きく、その収束がきわめてむずかしいシステムだということがあらためてわかりました。**世界一地震の多い国である日本では、もう原発を続けるのはやめましょう、というのが正しい選択だとわたしは思います。同時に、それに向けてどう動いていったらよいのかを建設的に考えるのが、日本のこれからのあり方だと思います。**

さらに、電気料金の仕組みやなぜ原発がこんなにたくさんできてしまったのかなど、市民としてきちんと問いただし、知っておくべきことがたくさんあると思います。政府や電力会社の都合に振り回されないようにする、もっときつい言い方をすれば騙されないようにするための自己点検が必要なのではないでしょうか。

これから、わたしたちの姿勢を改めていくための手がかりになるような事実を、いくつかお話したいと思います。

（＊１）前原子力資料情報室代表・故高木仁三郎さんにより、現代社会の直面する環境、核、人権などの問題について、市民の立場から問題に取り組むことのできる「市民科学者」の育成を目的として１９９８年、設立された市民グループ。

第1章　福島第一原発事故による放射能汚染の脅威

●放射能汚染の深刻な福島

まず、今回の事故での放射能汚染がどれだけ深刻かを見てみましょう。

原発周辺の避難した地域やホットスポット（＊2）は言うまでもありませんが、現在たくさんのひとが暮らしている福島市や伊達市などでも、ひき続き高い放射線量の所があります。平均的に毎時1・0〜1・5マイクロシーベルト（μSv　＊3）で推移しています（図1）。こういった放射線量をずっと浴び続けているというのは、**人類史上ほとんど例のない被ばくのパターン**といえます。

1950年〜60年代に、大気圏での核実験が盛んに行われ、そのために「死の灰」が上空に上がって、降り注いだ時期があります。そのとき東京でもかなり高い線量

図1／福島県災害対策本部発表「環境放射能測定値（暫定値）」

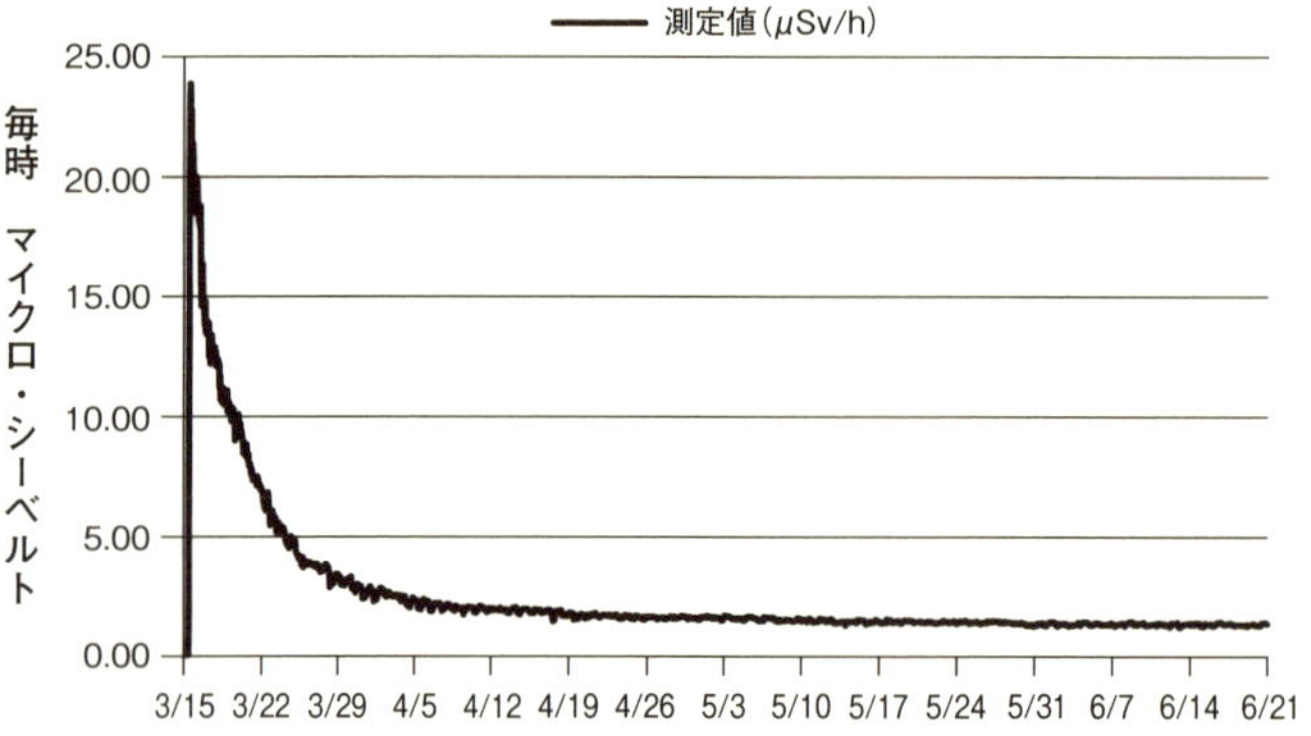

福島市（測定場所：県北保健福祉事務所東側駐車場、6月21日まで）

が測定されています。しかし、原発事故により、長期にわたって被ばくが続くのはチェルノブイリに次いで２度目ということになります。

　たとえば放射線を扱う技師さんなどが立ち入る場所を放射線管理区域といいます。放射線量が一定以上ある場所を区分けし、ひとの不必要な立ち入りを防止するために設けられているのですが、その「一定」の目安が図２の太い波線で記されている値です。しかし、それよりもずっと高い空間線量が福島市などで測定されているのです。さらに、国際的にも採用されているＩＣＲＰの「平常時の」年間累積被ばく限度量の１ミリシーベルトという値（＊４）を、毎時間で換算したものを図３（次ページ）に示しました。そうすると**3月20日頃の時点で、すでに年間1ミリシーベルトの基準を超えている**ことになります。いま政府は年間累積被ばく量を「緊急時」であることを理由に、20ミリシーベルトまで許容するという基準を新たに採用して、それを超えそうな汚染地域に住

図2／5月22日～6月21日まで1ヶ月間の変動。
放射線管理区域基準（3ヶ月で1.3mSv→毎時0.6μSvに換算）と、福島市における平常値も示す。

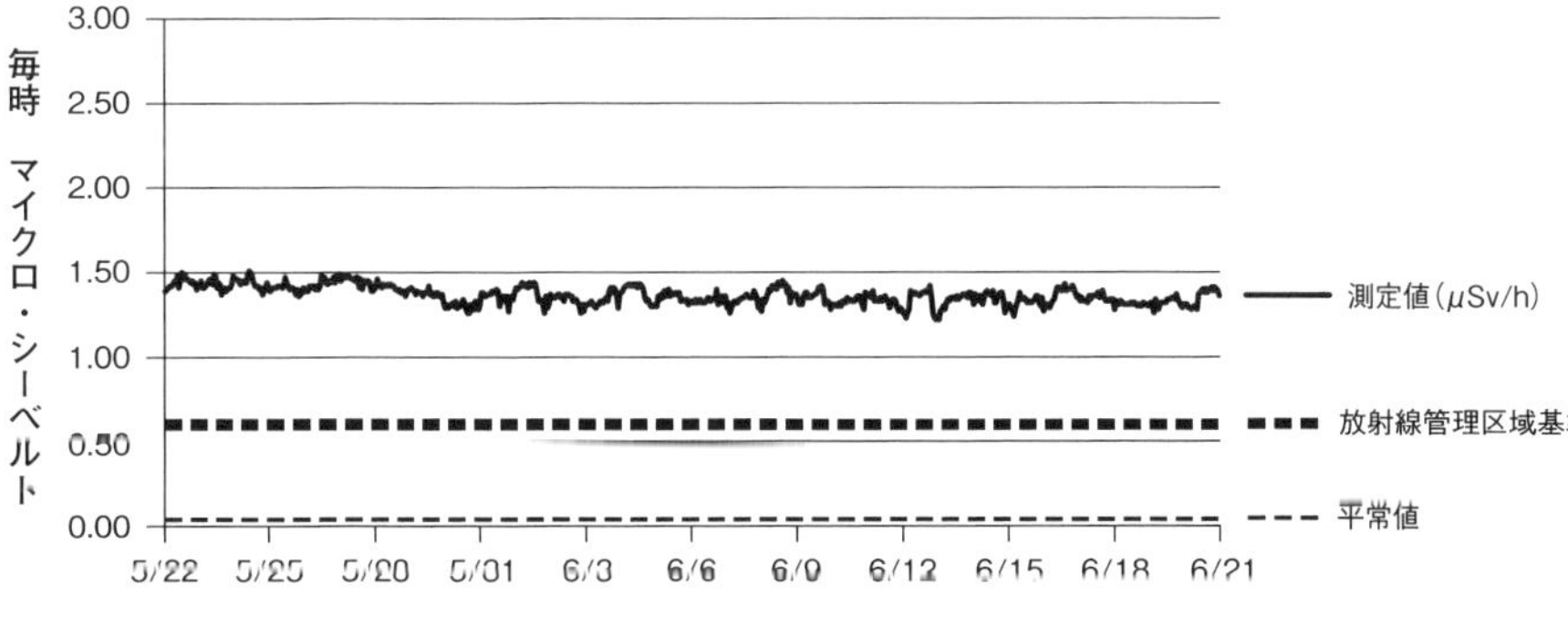

む住民を避難させることにしています。

　図3のグラフだけを見ると、データが3月16日からスタートしていることに奇異な印象を覚えるかも知れません。おそらく炉心溶融（メルトダウン）と水素爆発によって圧力容器や格納容器まで損傷がすすんだことで大量の放射能が放出され（とくに3月14日あたり）、それらの一部が福島市に到達したのは3月15日でした。風向きなども関係して東京も同じ日に汚染のピークを記録しています。その15日の値が、このグラフには含まれていません。そのときの過ごし方によっては、相当大きな外部被ばくや内部被ばくを生じてしまったはずです。**原発周辺地域では、たった1日で累積線量が1ミリシーベルトを超えてしまった地点もあっただろうと推測できます。**

　計画的避難地域となった福島県飯館村を、京都大学原子炉実験所の今中哲二さんたちが訪れて実際に細かく測定しました。その結果、100日、すなわち3ヶ月くらい経つと、もうひと桁多い、つまり100ミリシーベル

図3／図1の測定値に基づいた、事故以降の累積線量、年間線量に換算したものを併せて示す。

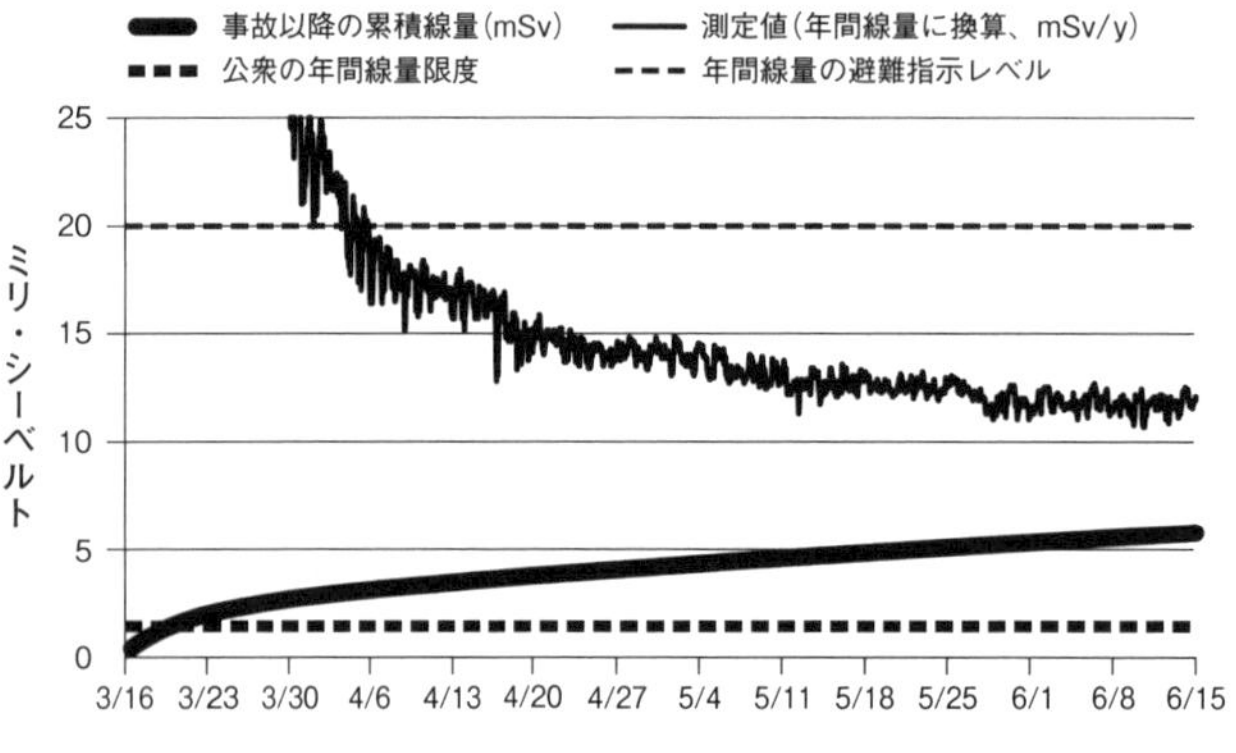

※年間線量に換算した測定値／たとえばある時点での測定値が毎時2.0μSvだったとする。このレベルがずっと継続した場合、その時点からはじまる1年間の合計線量は17.52mSvとなる。図1、2、3とも「福島大学原発災害支援フォーラム」（http://fukugenken.e-contents.biz/）のグラフデータをもとに作成

トを超える空間線量の累積値になる場所が村にはあるということでした。これは非常に深刻で、場所によってはチェルノブイリの強制避難区域に相当する地点が何箇所もあるのではないか。そうした想定をしておかなければならないと考えています。

朝日新聞5月15日朝刊の報道によれば、東京でもいくつかの地点で土壌のセシウムの濃度がかなり高いところがあると判明しています（江東区亀戸で３２０１ベクレル／kg（＊５）〈採取日4月16日〉など）。福島市光が丘では、３月19日、さらにひと桁多い2万７６５０ベクレル／kgが計測されています。

また、海藻や海の汚染についてですが、海藻類は海の汚染の指標になる生物のひとつですので、早めに測ってきちんと分析したほうがよいのです。それについて国際環境保護団体のグリーンピースが政府に先行して行っています（5月2日〜9日）。その報告によると、政府が決めたヨウ素１３１の暫定基準値は２０００ベクレル／kgですが、たとえばアカモクという海藻類からは12万７０００ベクレル／kgも検出されました（福島県江名港で採取したサンプル）。

（＊２）　風向きや地形、降雨などの条件により、局地的に高い放射線量が測定されている場所。

（＊３）　人体が被ばくしたとき、その影響の度合いを測るときに使われる単位。1ミリシーベルト＝１０００マイクロシーベルト。

（＊４）　１４０ヶ国以上が加わるＩＡＥＡ（国際原子力機関）や世界保健機関（ＷＨＯ）などもＩＣＲＰの基準を採用。ＩＣＲＰは、低線量放射線のリスクが不確実性であるため、厳密に評価できないので、放射線防護の目的のために「どんな微量の放射線でもそれに比例した発ガンの確率がある」とする仮説を採用し、防護基準を決めている。それに対して、「ＩＣＲＰの基準は原子力利用の推進が前提で、とくに内部被ばくのリスクを過小評価している」とするＥＣＲＲ（欧州放射線リスク委員会）などの批判的な見方もある。

（＊５）　放射性物質が出す放射線の強さ＝放射能を表す単位。

●チェルノブイリ原発事故との比較

このような事例を見ますと、どうしてもチェルノブイリ原発事故と重ねて見ないわけにはいきません。図４は、チェルノブイリと福島を同じ縮尺で並べた図です。チェルノブイリでは１回の爆発がとても大きく、上空高くまで放射性物質が舞い上がり、ヨーロッパをはじめ、世界中に拡散したのが特徴です。

それに比べると福島第一原発事故では、放射能の量もチェルノブイリの約10分の１、汚染された地域の広がりも約10分の１と言われています。しかし、**土壌汚染の深刻さはチェルノブイリに匹敵します。**チェルノブイリでは55万５０００ベクレル／㎡以上の土壌汚染（年間累積５ミリシーベルトに相当）があれば強制避難となったわけですが、福島県内でそのレベルに匹敵する汚染地域は、琵琶湖の**１・２**倍の面積（東京都の約４割）に相当することがわかっています。もちろん、放出された放射能の量が10分の１だから、被害も10分の１程度になるわけではありません。あくまで、そこでどれだけのひとが、どのくらい被ばくしてしまったのかを問題としなければいけないのです。

チェルノブイリ原発事故では、**子どもの甲状腺ガンの発生が5年後くらいから顕著になり、10年くらいでピークに達しました**（図５・10ページ）。これは公式の「チェルノブイリ・フォーラム〈ＩＡＥＡ（国際原子力機関　＊６）＋ＷＨＯ＋被災国３ヶ国〉」も認めているデータです。思春期以下の子どもの甲状腺にヨウ素１３１が蓄積されると、その後10年、15年で甲状腺ガン

図4／セシウム137の地表面への蓄積量：福島とチェルノブイリの比較（同縮尺地図）

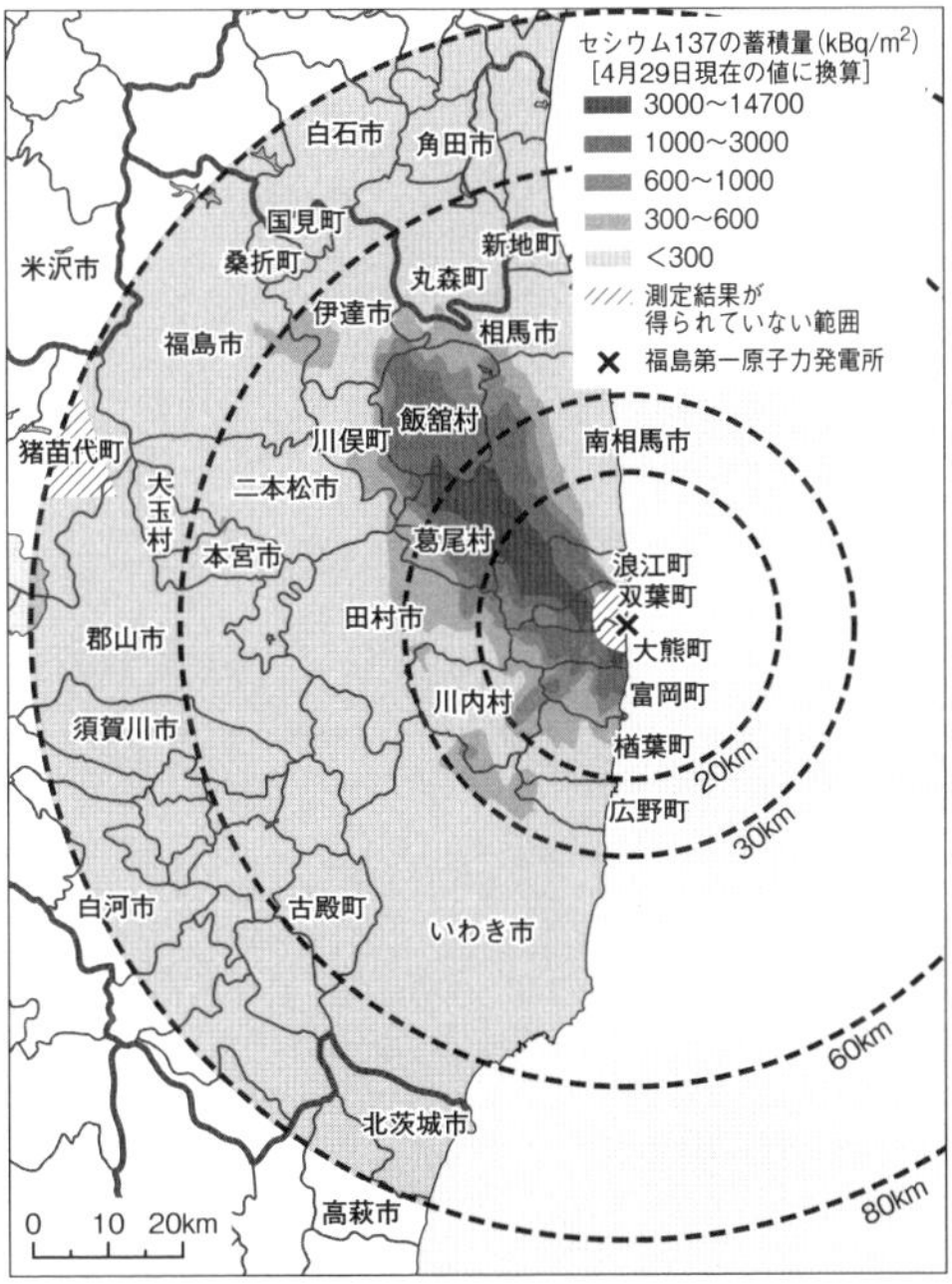

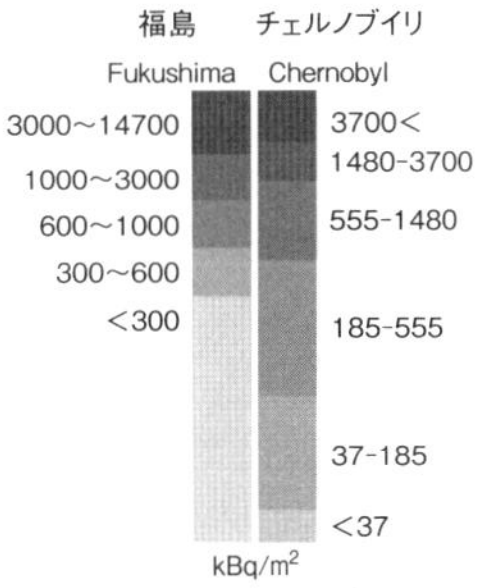

文部科学省および米国DOEによる
航空機モニタリングの結果
出典：文部科学省5月6日発表の資料をもとに作成

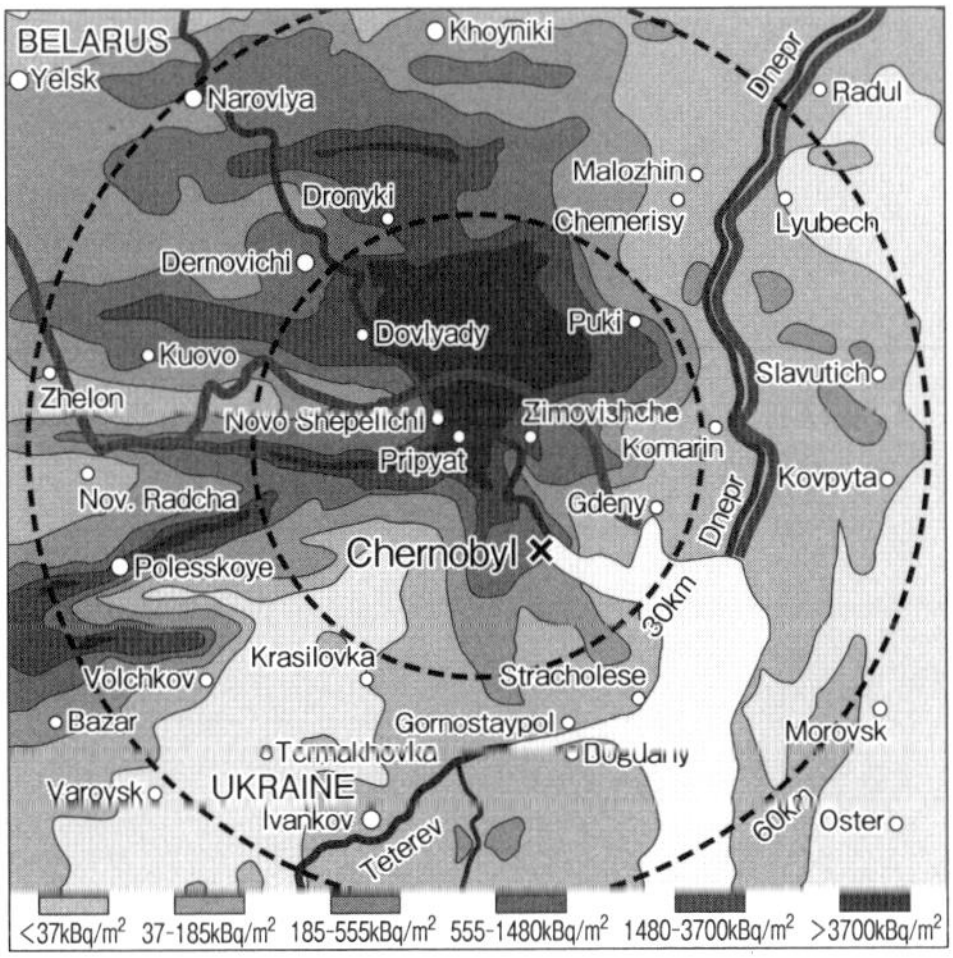

出典：国連科学委員会『チェルノブイリ報告書』
（2000年）をもとに作成

図5／チェルノブイリ事故による健康被害

● ベラルーシの子どもの甲状腺ガン（15歳未満）年間発生件数

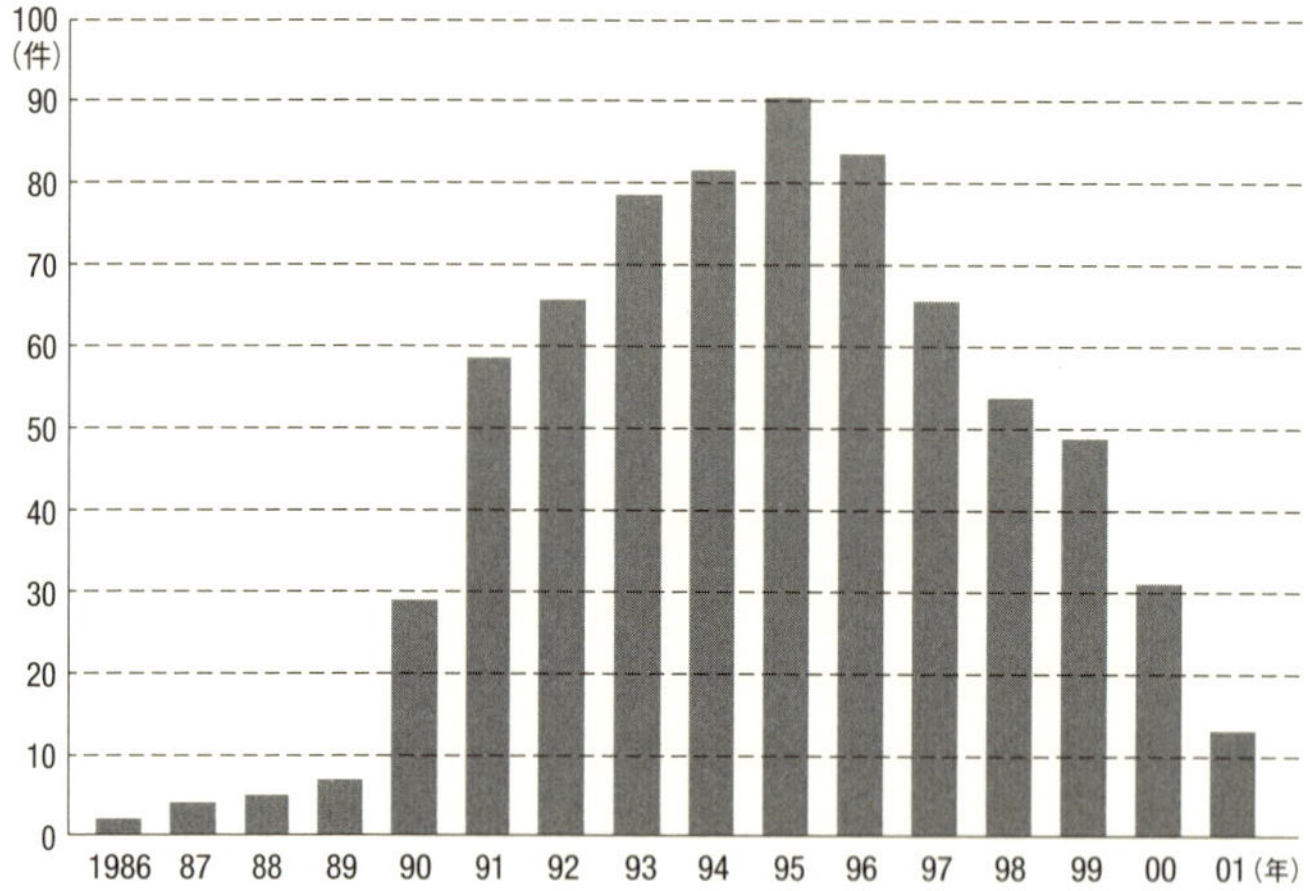

● 汚染地域における子どもの甲状腺ガン 年間発生件数
（子どもの年齢：ウクライナ0〜19歳、ベラルーシとロシア0〜14歳）

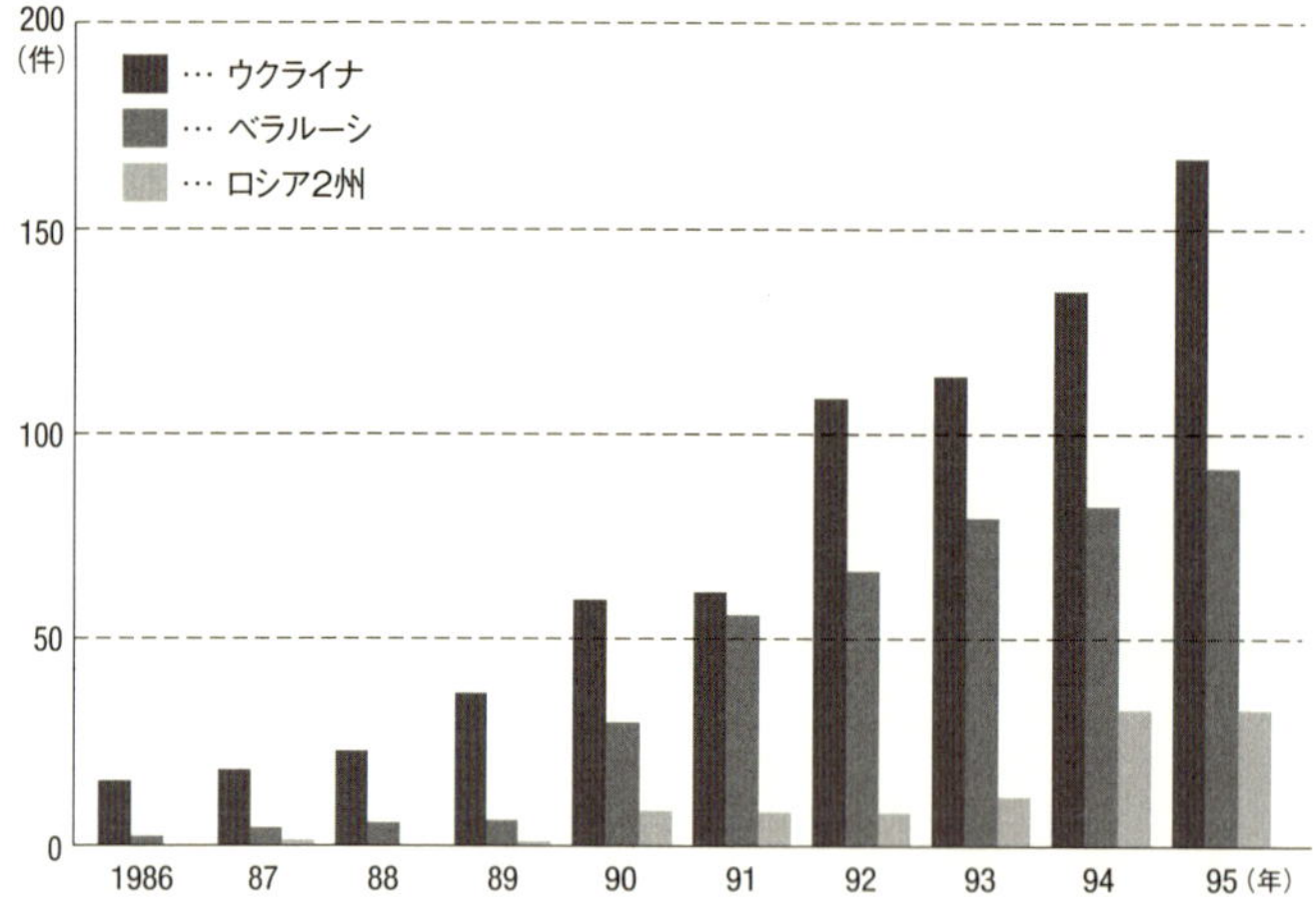

出典：上図「チェルノブイリ原発事故」http://www.rri.kyoto-u.ac.jp/NSRG/Chernobyl/Henc.html
下図「チェルノブイリ原発事故によるその後の事故影響」
http://www.rri.kyoto-u.ac.jp/NSRG/Chernobyl/GN/GN9705.html　ともにグラフ作成／今中哲二

を発症し、手術で切除をしても、一生その障がいを抱えて生きていかなければなりません。ひょっとしたら、同じようなことが福島の子どもたちにも起きるかもしれない事態になってきています。前記の「チェルノブイリ・フォーラム」は原発事故による健康被害は甲状腺ガンの発生以外は確認できなかったとしています。しかし、民間の研究やウクライナ、ベラルーシなどの医師たちが集まって行った疫学調査では、**もっといろいろな健康被害が起こっている**ことが紹介されています。

最近わたしがショックだったのは、ＮＨＫのＢＳで5月10日に放送された海外ドキュメンタリー『永遠のチェルノブイリ』という番組です。この番組のなかで、建国19年を迎えているウクライナの人口が、建国当時から７００万人も減っていると指摘されていました。働き口がないなどの理由で出ていったひともたくさんいると思われますが、事故によって健康被害を受けたひとは、２２５万４０００人にのぼると推定され、ウクライナの平均寿命は、これまで75歳だったのが5年~10年後くらいには55歳になるだろう、と現地の医師が語っていました。

（＊6）原子力の平和的な利用を促進しつつ、軍事目的に転用されることを防止するため、１９５７年に発足された。本部はウィーンで、現在１４０ヶ国以上が加盟。基本的に、原発推進を目指して組織されている団体。

●学校の安全基準をめぐる混乱はなぜ起きた？

今回の福島の事故も**10年や15年経たないと見えてこない深刻な健康被害を引き起こす可能性**

があり、たいへん重く受け止めなくてはいけません。これはただちに被ばく量を減らしていく対策をとらねばならない事態なのです。

　4月19日、文部科学省が福島県内の学校の安全基準について、年間の累積被ばく限度量を20ミリシーベルトと定めました。先にも述べましたが、これまで大人が法律で許容されてきたのが年間1ミリシーベルトです。子どもたちにとっては、とんでもない数字が公然と出されたのです。その後文部科学省は、福島の市民らの強い批判にさらされ、基準は撤回しないものの、当面、1ミリシーベルトを目指すとし、校庭・園庭で毎時1マイクロシーベルト以上となる学校の除染について、5月27日、財政支援を行うことを表明しました（＊7）。

　文部科学省はその根拠として、「ＩＣＲＰ２００７年勧告」で述べられている、状況に応じた3つの範囲での基準の設定（平常時は1ミリシーベルト以下、事故発生などの緊急時は20～１００ミリシーベルト、非常事態収束後の復旧時は1～20ミリシーベルト）を挙げ、そのうちの**復旧時1～20ミリの上限を適用**しました。ＩＣＲＰの勧告では、どういう防護策を立てることで被ばくを最小にできるのかを考えて、この幅のなかから新たな基準を立てることになっているのにもかかわらず、政府は理由を説明もせず、いきなり20ミリシーベルトに決めたのです。

　1ミリシーベルトを守り切ろうとすると、１００万人規模のひとびとを避難、移住させなくてはならないが、それはできない――おそらくこれが政府の本音ではないでしょうか。汚染の度合いをすばやく見極め、どこのどういうひとたちを優先して防護するか、といった根本方針があれば対処できたのですが、その方針なしに場当たり的にやってしまった結果、20ミリという数字が出てきたのだと思います。

本来でしたら、原発事故が起こった直後に、放射能の拡散を予測して的確に避難をさせて、汚染されたところがあればすぐに除染を行い、元の場所にもどって安心して暮らせるようにするのが国の役目のはずです。**測定のことも、子どもたちへの対処、避難者への支援を含め、すべてが後手後手に回って不充分な状態にある。そんな社会にわたしたちはいる、**と言わざるをえないのです。

（＊7）学校の安全基準をめぐって、福島県内に子どもを持つ母親・父親たちが中心となり、文部科学省に20ミリシーベルト基準の撤回や被ばく低減策を求めるなどの市民活動が行われている。これまでの経緯やくわしい活動内容は、「子どもたちを放射能から守る福島ネットワーク」ブログ（http://kofdomofukushima.at.webry.info）に記されている。

●くり返してはいけない広島・長崎の歴史

もうひとつ、科学に携わっているものとして、わたしには見落とすわけにいかない事柄があります。

原爆が落とされた後に日本人の科学者たちがまず広島に入りました。そして、どういう影響が健康に出るかを調査しようとしました。その直後にアメリカの調査団が入っています。総勢1300人もの日本の科学者が集まり、アメリカと協力して約2年にわたって調査が行われました。そのときのデータは、すべて英文の報告書になりアメリカにわたっています。広島・長崎の被爆者の膨大なデータは、じつは「年間累積被ばく限度量1ミリシーベルト」という、ＩＣＲＰが防護基準をつくる際の、もっとも基本のデータになっているのです。ＡＢＣＣ（原爆傷害調査委員会）という広島・長崎のひとたちの健康調査を大規模でやったアメリカの機関があります（のちに、放射線影響研究所として日米共同運営の機関に再編）。この機関は治療するための機関ではなく、原爆や放射線の影響を克明に調べていくための機関でした。そこで日米合同の調査が引き継がれ、いまにいたっているわけです。

今回福島の事故が起こり、長崎大学の先生をはじめ、放射線影響研究所のひとたちも入って健康影響調査チームが結成されています（「県民健康管理調査」検討委員会）。「原発事故に係る県民の不安の解消、長期にわたる県民の健康管理による安全・安心の確保」が目的とされています。

当然、被ばくした県民を長期にわたって調べ、医学的なデータをとることになります。病気が出ないようにケアしていく、ちゃんと治していくというのならよいのですが、**調べることそのものが目的になるような、あるいは被ばくの影響を少なく見積もっていく意図を隠し持った調査だったら、これは認めるわけにはいきません。**原爆調査の際に見られたような科学研究のあり方が今回もくり返される恐れはないのでしょうか。過去の歴史をふまえながら、この調査を注視していきたいとわたしは思っています。

第２章　原子力って？　原発ってどういうもの？

●核分裂反応で起こす熱

このような状況をつくってしまった「原発」、その仕組みの基本についてお話します。

原子力発電は、エネルギーのなかで主要な部分を占めるのでは、というイメージがあるかもしれませんが、決してそうではありません。

石油・天然ガス・石炭・原子力・水力、これらを１次エネルギーと言います。２００９年のデータでは、世界における１次エネルギーの消費量のなかで**原子力が占める比率はわずか６%足らず**です。

化石燃料と違って原子力には燃焼というプロセスがありません。よく「ウラン燃料を燃やす」と言いますが、実際に燃やしているわけではまったくありません。核分裂反応を使って高温を発しますが、燃やしていないのでCO_2など温暖化の原因となる気体は発生しません。だから原子力はクリーンだと、推進するひとたちは言ってきました。しかし、ウラン採掘から燃料の製造や輸送、廃棄物の処理にいたるまで、**いろいろな過程ではCO_2は発生します**し、放射能の汚染のことを考えたらクリーンなどと言えるはずはなく、まやかしのことばだと思います。

ひとつ注意しなければならないことがあります。原発でたとえば10の熱をつくったとします。その10を全部使っているかというと決してそうではありません。6～7くらいは「温排水」として海に捨てているのです。すなわち、タービンを回すのに使われた蒸気を冷やすのに、海の水を使っているのですが、この**温かくなった海水を近隣の海に流している**のです。「原発は温暖化を防止する」というふれこみがありますが、地球温暖化防止に寄与しているどころか、海を温め、地球を温めているのではないか、という研究もあるくらいです。

●きわどい技術で生まれる大量のエネルギー

核分裂反応をさせるには、ウランという燃料を使っています。天然ウランには、ウラン２３８とウラン２３５の2種類があり、ウラン鉱石に含まれる量が圧倒的に多いのはウラン２３８です。しかし、核分裂しやすいのはウラン２３５のほうで、天然ウランの中にわずか０・７%しか含まれていないのです。そのウラン２３５を使うために、燃料にするときには濃縮して「２３５」の含有率を高めなくてはいけません。それをウラン濃縮と言います。このプロセスが絶対に必要です。

ウラン濃縮の方法が開発されたのは、原爆をつくるときです。核分裂反応をゆっくりとさせてコントロールできれば原発になるけれども、**一気に連鎖反応を起こさせれば原爆になります。原理的には共通のものがあります。**この技術を持っているかどうかによって、原爆開発ができるか否かが決まるのです。

核分裂反応では、壊れやすい性質をもっている原子であるウラン２３５に中性子がぶつかると分裂して大きなエネルギーを出し、また新しい中性子を出し、どんどん連鎖的にぶつかって熱を発します。

福島の事故以来、新聞の報道などで燃料棒というのが紹介されます。長さ４ｍの金属製の管である燃料棒の中には、ペレットと呼ばれる、ちいさな円筒型のチョコレートのようなかたちをしたものがびっしりと並べられています。大変なエネルギーをペレット1個でつくり出すことができます。

たとえば、原発は1基で1時間に１００万kWくらい発電することのできる

原子炉圧力容器（模型）。
燃料棒が束ねられた燃料集合体が入る。
出典：東京電力株式会社資料

規模のものが多くあります（定格出力）。１００万kWを１年間発電するためにどれくらい燃料が必要かというと、石油・石炭・天然ガスと比べウランは４桁くらい桁が少ない量ですみます（図６）。そういう意味でたいへん効率のよい発電方式、という理由で原発が注目されてきたわけです。

●冷却不能からメルトダウン
福島第一原発で起きたこと

原発は核分裂反応をコントロールし制御するということが基本的な使命ですので、原子炉に燃料棒を入れると同時に、その間に制御棒というものを突っ込んで、次々と出てくる中性子を適当に吸収させて上手に分裂を進行さ

図6／100万kwを1年間発電するために必要な燃料

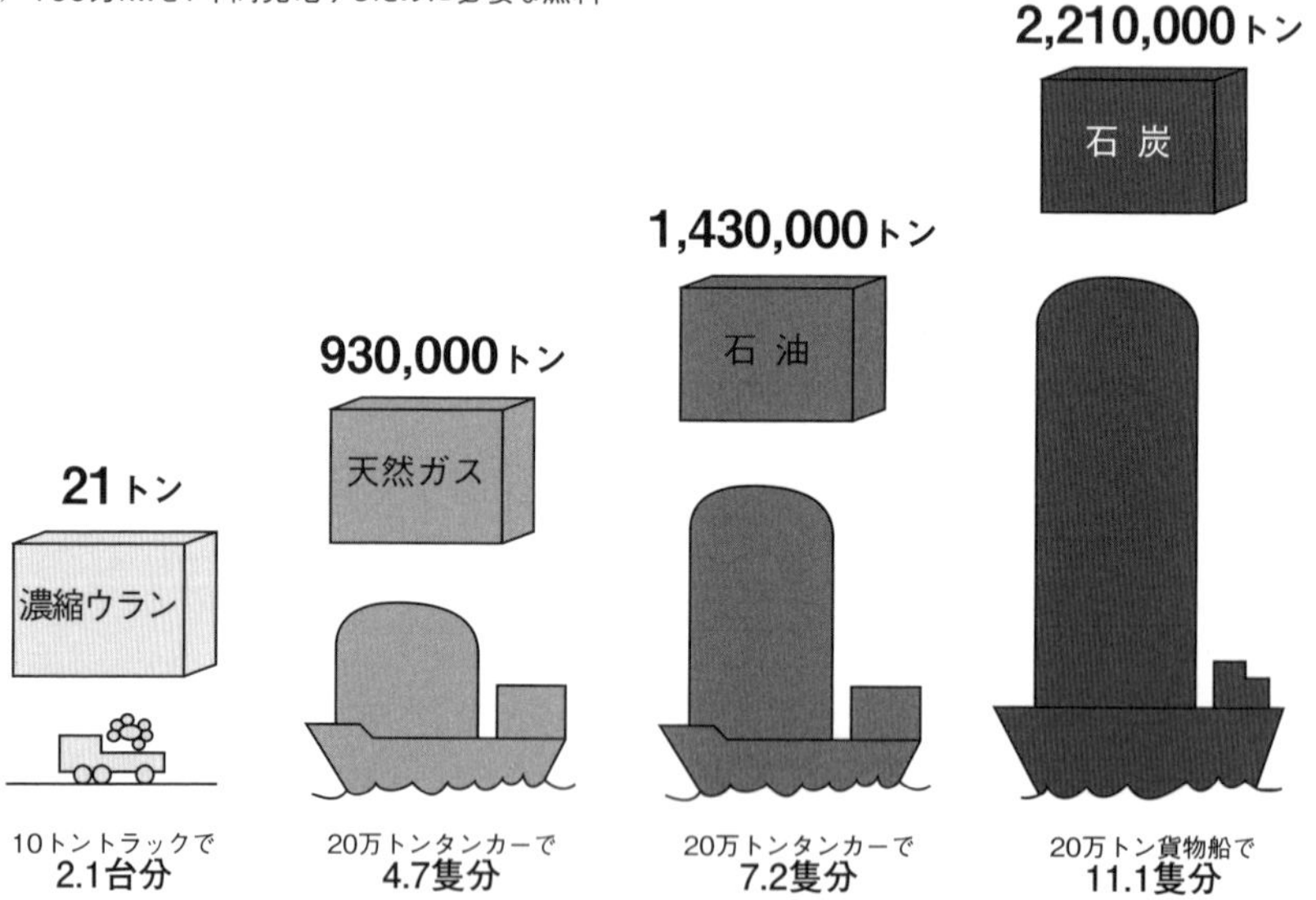

出典：資源エネルギー庁『原子力2005』をもとに作成

せてゆくという微妙な技術を必要とします。ですから、そこで失敗するとか、今回の福島原発での事故のように、熱を冷やすための水を循環させることができなくなり、**冷却不能に陥ると、非常に高温になって燃料棒が損傷し燃料が溶けだすということが起こります。**いわゆる**メルトダウンです。**その結果、放射能が大量に周りに漏れ出てくる可能性があります。このように、きわどい技術を用いて、少量の資源から大量のエネルギーを引き出すのが原発なのです。

●日本がめざす「核燃料サイクル」とは

日本は世界のなかで少し変わった位置をとっています。核燃料であるウランを燃やしエネルギーを得て、使用済み核燃料を保管するというひとつのサイクルで終わるのではなく、使用済み核燃料から、まだ使えるウランや新たに出てきたプルトニウムを再利用しよう、という方向で動いています。そのために青森県の六ヶ所村に再処理工場を、福井県の敦賀市に高速増殖炉「もんじゅ」をつくって、別のサイクルでどんどんプルトニウムを活用していこうと考えています。

なぜそのようなことを考えるのかと言うと、国の説明はこうです。「日本は資源のない国です。ウランも１００％輸入しています。ですので、できるだけエネルギーを自立させたい。だから有効利用できる方式をとる」と。プルトニウムは核物質なので、そのまま持っていると核爆弾に使えます。しかし、日本は核兵器をつくらない「平和利用」を前提としていますので、プルトニウムがどんどん増えてくると、よその国から見たら「日本はなにを考えているんだろう」となります。そこで、それを有効利用するために高速増殖炉の燃料として使っていく、という方針を持っているのです。ふつうの原発を中心にしたウラン利用の流れを「ウランサイクル」（軽水炉サイクル）、高速増殖炉を使ってプルトニウムをさらに増やしていく方法を「プルトニウムサイクル」（高速増殖炉サイクル）と呼び、この両方が完成してはじめて「核燃料サイクル」（図7）が実現する、としています。

ただ、原子力発電所で使い終わったウラン燃料の中には、発電の際にできたプルトニウムと、再利用できるウランが約95％残っています。そこで再処理によって、使い終わったウラン燃料からプルトニウムを取り出し、そ

図7／核燃料サイクル

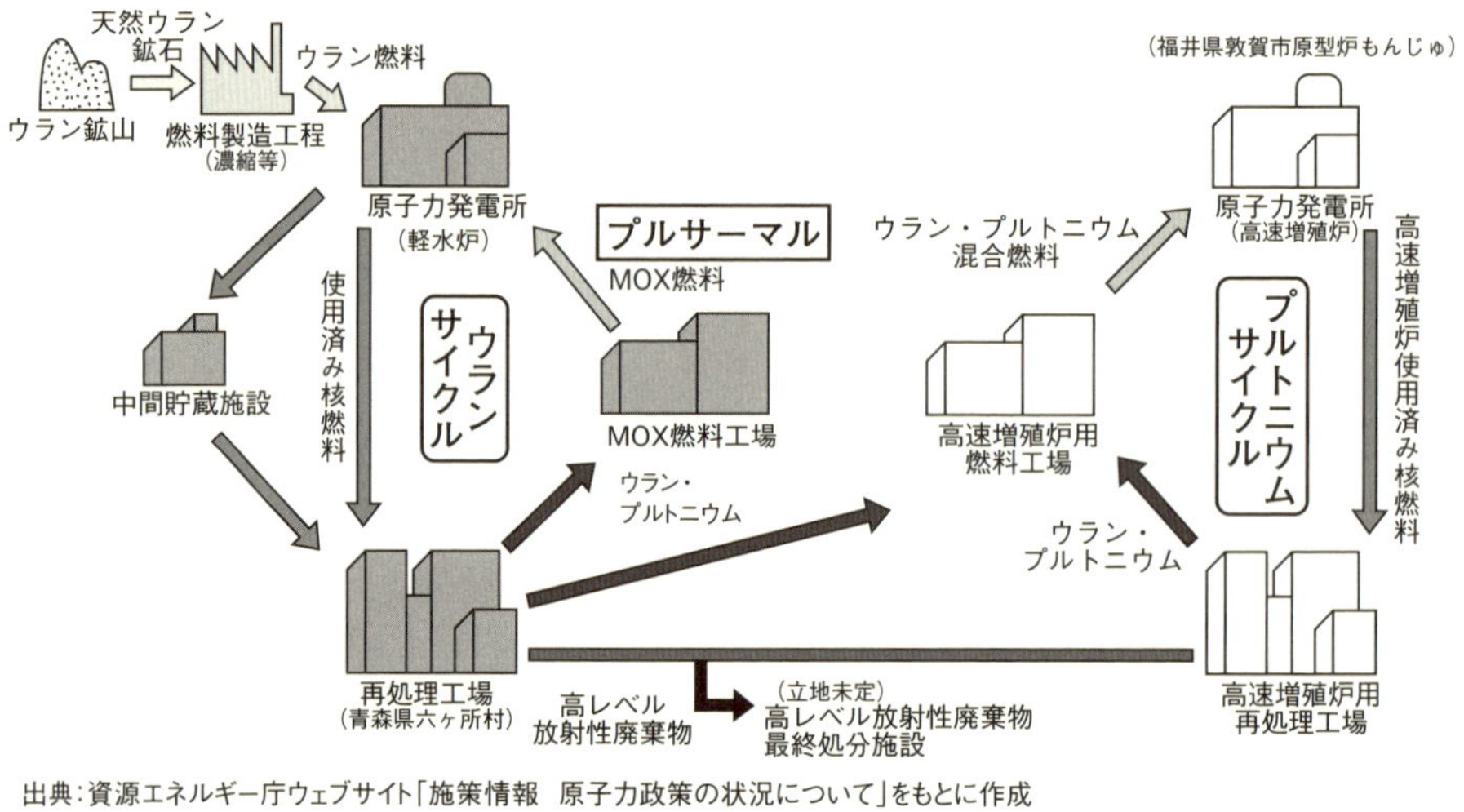

出典：資源エネルギー庁ウェブサイト「施策情報　原子力政策の状況について」をもとに作成

れを燃えにくいウランなどと混ぜて、新たな燃料（ＭＯＸ燃料、Mixed Oxide 混合酸化物）をつくり、現在使われている軽水炉（サーマルリアクター）で使えるようにする。そうすれば高速増殖炉がまだ使えるようになっていなくても、あまったプルトニウムを有効利用できるだろうと、この「プルサーマル」方式（プルトニウムの「プル」と、サーマルリアクターの「サーマル」をとってつくられたことば）がすでに実施されています。これもじつははじめてみたものの、経済的にも、安全性を含めた技術面でも、いろいろな課題を抱えたままです。

●いまだに正規運転を開始できない再処理工場

ここで、大きな問題になるのが、再処理工

運転を開始できない現在も使用済み核燃料が運び込まれている六ヶ所再処理工場。
撮影／小林晃　提供／原子力資料情報室

場です。１９９３年に青森県下北半島の六ヶ所村に核燃料再処理施設、「六ヶ所再処理工場」の建設を開始、**１９９８年から全国の原発54基から出た使用済み核燃料が運び込まれていますが、いまだ、正規の運転に入れていません。**イギリスやフランスには再処理の実績があり、これまで日本は自分の国でつくりだした使用済み核燃料を、フランスやイギリスに送って再処理をしてもらっていました。今度はそれを自分の国でやるのだと建設をはじめたのですが、この工場は原発で燃料を燃やすのとはまったく違うプロセスであり、いわば巨大な化学工場なのです。非常にきわどい化学反応を扱うので、事故の危険性も高く、維持するのも困難、試運転の終了は２００９年2月を予定していましたが、**トラブルによる延期は18回**におよんでいます。

建設費に関して言えば、当初７６００億円と試算していましたが、**現在まで２兆１９００億円**ものお金が費やされています。

● 14年間止まったままの「もんじゅ」

高速増殖炉は、冷却材に（水を使う原発とは違って）ナトリウムを使って維持しています。しかし、ナトリウムそのものが、空気や水に触れると、一気に爆発するようなたいへん反応性の高い物質なので、これも取り扱いが非常にやっかいです。15年前にナトリウムが漏れる事故を起こし、火災が起こり、そのために「もんじゅ」が止まってしまいました。２０１０年に、14年経ってやっと再開した矢先、炉内中継装置（＊8）を原子炉容器内に落下させるというトラブルを起こし、これまで20回以上におよぶ引き上げ作業失敗のすえに、２０１１年6月24日、落下した装置を回収しましたが、炉内の損傷などのチェックが必要で、再開のメドはたっていません。この**事故の復旧に関わる費用だけで17億円**と言われています。

「もんじゅ」は、**総建設費が２・４兆円**。しかも14年間動いていなかったのですが、**動いていなかったその間にも維持費は１日５５００万円、年間で約２００億円かかっています。**しかもこの２００億円というのは少なめの見積額だそうです。少なくともこの14年間はまったくわたしたちの生活の役に立っていない状態であるにもかかわらず、なぜこんなにお金がかかるのか。

巨額のお金をかけてつくって「核燃料サイクル」をするのだと言っておきながら、六ヶ所村の再処理工場も「もんじゅ」も膨大な維持費を

運転再開のメドはいまだたっていない高速増殖炉「もんじゅ」。
撮影／伴英幸　提供／原子力資料情報室

かけて両者とも行きづまっている状態です。このままでは原子力発電はどうなるのかと、推進派でも先行きを心配せざるをえない状況になっています。

使用済み核燃料のたどる道については、またあとで述べることとします。

（＊8）　核燃料を交換時、炉内から使用済み燃料を取り出して出し入れをするための金属製の筒状の装置（長さ12ｍ、重さ3・3トン）。

●桁が違う原発建設費

建設費についてもう少し説明しましょう。原子力発電所を1基建設するのに約3000億円かかると言われています（表1）。あまり耳慣れないかも知れませんが、揚水《ようすい》発電所というものがあって、山奥に建てられ、川の水を一度吸い上げてもう一度下に流すタイプの発電所ですが、これも建設費は高いです。自分のつくりだ

表1／発電所建設費の例

（　　）内は出力

● **原子力　北海道電力泊発電所3号機**	**約2,926億円**　2009年12月営業運転開始（91.2万kW）
● **揚水型水力　東京電力葛野川発電所**	**約3,800億円**　1999年12月3日1号機営業運転開始（160万kW）
● **天然ガス　電源開発株式会社市原発電所**	**約100億円**　2004年10月営業運転開始（11万kW）
● **石炭　北陸電力敦賀火力発電所2号機**	**約1,275億円**　2000年9月営業運転開始（70万kW）
● **風力　電源開発株式会社郡山布引高原風力発電所**	**約120億円**　2007年2月営業運転開始（6.6万kW）

す電力より、水を汲み上げるほうにより多くの電力を使っている、いわばマイナスの電気を生み出す発電所です。なぜこんなことをやっているのでしょうか。わたしたちが夜、電気を使わない間でも、原子力発電所は一定の出力でずーっと発電を続けています。そのあまった電気を揚水発電に回しています。つまり、原発のために建設しているのが揚水発電所なのです。天然ガスや石炭、風力と比べ、原子力とはいかに建設コストがかかるか、ということをおわかりいただけると思います。

●たくさんの天下り機関と行政部署、事故処理や安全を担うのはどこ？

原子力には、関連する特殊法人や財団法人が多くあります（表2）。そういったところに**経済産業省などの省庁のお役人たちが天下りをし、**

表2／原子力と名のつく機関一覧

(社)火力原子力発電技術協会(TENPES) ※火力と名のつくのは全国でひとつ	
(独)原子力安全基盤機構(JNES)	(財)原子力環境整備促進・資金管理センター(RWMC)
(独)日本原子力研究開発機構(JAEA)	(社)原子燃料政策研究会(CNFC)
(独)原子力環境整備促進資金管理センター(RWMC)	(社)日本原子力産業協会(JAIF)
(財)原子力安全研究協会(NSRA)	(社)日本原子力学会(AESJ)
(財)原子力安全技術センター(NUSTEC)	(社)日本原子力技術協会(JANTI)
(財)原子力国際技術センター(JICC)	(認可法人)原子力発電環境整備機構(NUMO)
(財)日本原子文化振興財団(JAERO)	原子力委員会(JAEC)(内閣府)
(財)原子力研究バックエンド推進センター(RANDEC)	原子力安全委員会(NSC)(内閣府)
(財)原子力発電技術機構(NUPEC)	原子力安全保安院(NISA)(経済産業省)
(財)原子力国際協力センター(JICC)	

それぞれ業務をとおして国のお金を分配して回してきた側面があります。

国が直接かかえている専門の司令塔には原子力委員会、原子力安全委員会、原子力安全保安院の３つがあり、これらは福島第一原発事故でみなさんもよく目や耳にされたと思います。でもはたして、この３つの組織の役割分担をちゃんと説明できる方は、いらっしゃいますか。

会見などを見ていても、誰がどう対応策を決め、指示を出し、責任をとろうとしているのか、東電なのか、保安院なのか、原子力安全委員会なのか、はたまた枝野官房長官なのか、よくわかりません。**原子力推進のアクセル役に対する、いわばブレーキ役をきちんと機能できるようにしてこなかった**ために、実際の大事故が起こったときにうまく対応できず混乱しているのだと、わたしは感じずにはいられません。

●世界で原子力は頭打ち

世界の原子力の現状について説明しましょう。現在日本には54基の原発があります（6月末現在稼働中なのは17基ほどです）。数としてはアメリカ、フランスについで日本は第3番目です。フランスはご存じのように原子力超大国です。電気の８割くらいを原子力でまかなっています。

福島の事故以来、ドイツ、イタリアをはじめ世界で反原発の動きが出ていますが、そもそも世界において原発累積基数は、１９９０年くらいを境にして横ばいの状態です。日本も１９９７年を境に増えていません。**ここ10～20年間は、世界で原子力は頭打ち**になっているのです。その理由はなんといってもコスト高です。建設費が高い、安全管理の面でお金がかかる、また景気全体が低迷化しているので、電力需要が思ったほど伸びていないということも理由として挙げられます。

第3章　日本の原発　その現状と問題点

●過疎地ばかりに建つ原発

日本の原発は、すべて沿岸部に建っています（図8）。海外では川岸に建っているケースが多いですが、世界的規模でみると日本には大きな川がありません。そのため、大量の冷却水を必要とする原発は、日本の場合はどうしても海のそばに建てることになります。しかもすべてが、いわば過疎地に建っています。どうして過疎地なのでしょうか。

一貫して反原発の論陣をはってきた広瀬隆さんの著書に『東京に原発を』（集英社）があります。ひとつのスローガンですね。もし原発がほんとうに安全だと言うなら、電力の大消費地である東京に建てればいいじゃないかという、非常に単純明快な論理で原発の欺瞞を一気に突いています。しかし、東京には建てられません。原子力委員会が１９６４年に定めた**「原子炉立地審査指針」**があって、**原発を建てるときには人口密集地から離すことに決められ**ていて、それゆえ過疎地が原発を建てる場所として狙われることになるのです。

「電源三法」という別の法律もあって（電源開発促進税法、電源開発促進対策特別会計法、発電用施設周辺地域整備法）、原発を建てることを受け入れてもらうかわりに、受け入れ先の

図8／日本の原発と地震観測強化地域

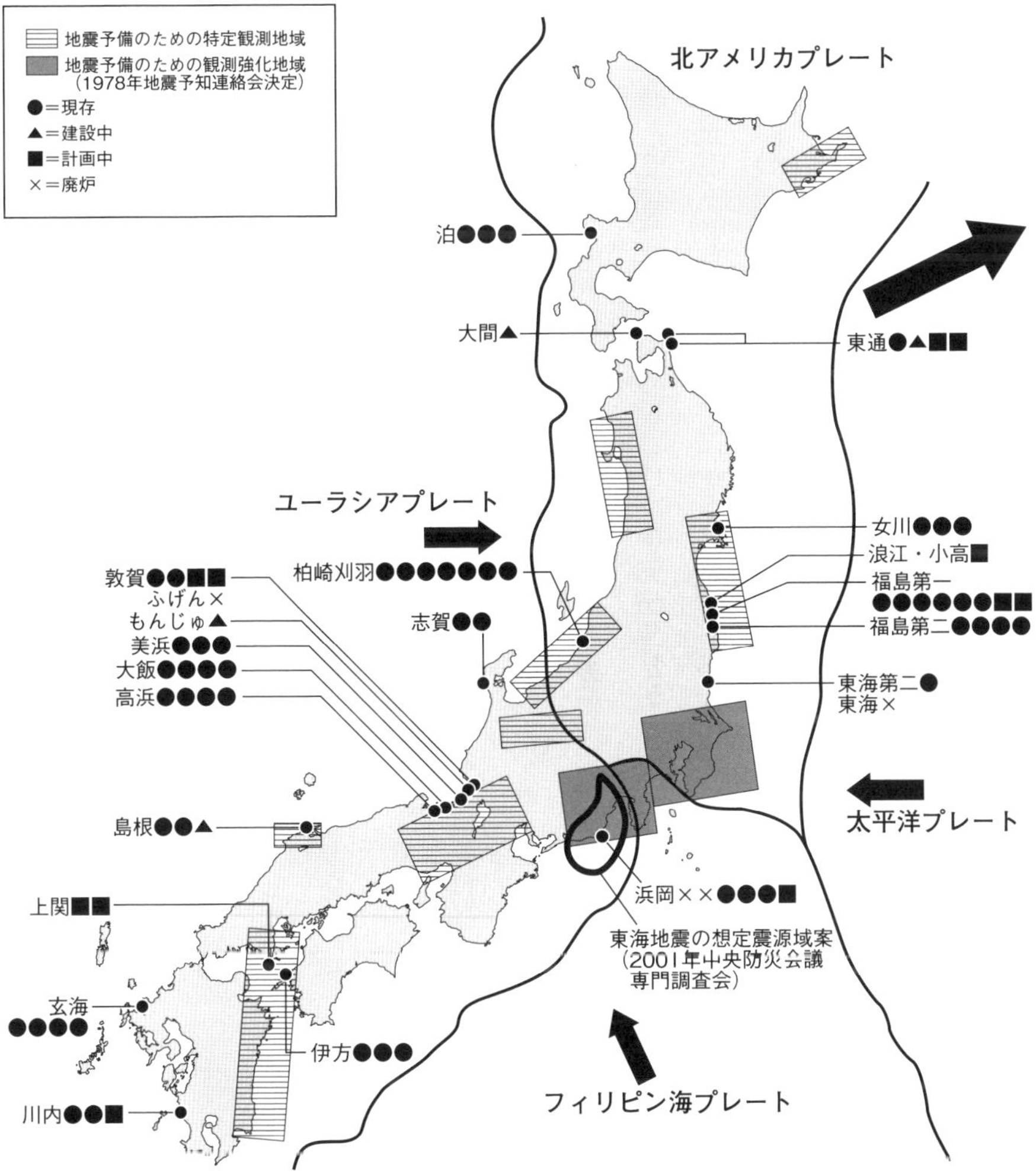

『原子力市民年鑑2010』(原子力資料情報室)および「よくわかる原子力」(原子力教育を考える会)
(http://www.nuketext.org/earthquake.html)をもとに作成。一部改変

自治体には多額の交付金が支払われるという構図もあります。

●安全面との両天秤による稼働率の低さ

日本の原発のもうひとつの特徴は、稼働率が悪いということです。「稼働率」とは、「設備利用率」とも言い直せますが、原発が一定期間でフルに稼動して出力したとして得られる発電電力量を100としたら、その一定期間に実際に生み出した発電電力量はどれくらいか、を示す割合のことです。韓国やアメリカは平均の稼働率が90％を超えています。

日本の場合の稼働率は60％ほどです。原発が54基もあるのに実際には定期点検に入っていたりして休ませているところが相当数あります（6月末時点で動いているのは17基ほど）。なぜかと言いますと、維持管理がとてもたいへんだからです。これまでにもさまざまな事故が起きたり、過去に起きたトラブルを隠していた事実が発覚してきました。そのたびに世間の批判にさらされ、地元の了解もなかなか得られず、点検が頻繁に、そして長期化することになり、この低い稼働率となってしまっているのです。

たしかに原発はたくさん動かせばたくさん電気がつくれますが、稼働率をしっかり見ていく必要があります。

●地震大国に原発。特異な国ニッポン

もうひとつは地震です。過去マグニチュード7以上の地震が起きているところに原発を建てている国は、世界中でほとんどありません。日本ではすべての原発が、地震が起こる場所に建っていますから、世界で最も特異な国ということになるでしょう。

今回福島の事故についても、世界中のひとからは「あんな大きな地震が起きる国で原発がたくさんあるのは、なんだか変だよね」と見られていると思います。わたしたちもその常識に従って、日本にはやっぱり原発は無理なんです、と考えるべきではないでしょうか。

図8（29ページ）を見るとわかるように、このように**地下のプレートとの関係で地震の起きやすい場所に何ヶ所も原発が建っています。**もっとも危ないと言われてきた浜岡原発は、菅直人首相のひと声で一時的に止まりましたけれども、決して浜岡だけではありません。ですから順次危険度の高そうなところから止めていくというのが妥当な方向だと思います。

●自由競争とは切り離されてきた原子力

まだまだ知っておきたい事実があります。日本の原発は2種類に分かれています。聞き慣れないことばかも知れませんが、加圧水型（ＢＷＲ）と沸騰水型（ＰＷＲＲ）の2タイプです。日本では、この2つのタイプの原発が両方とも同じように増えてきました。

これはなにを意味するかと言うと、政府が計画的に原発の数を増やしてきたということです。

わたしたちが商売をするときのように、ここが儲かるからもっとつくろうよ、というのではなくて、極めて政策的に「はじめに計画ありき」で増やしてきた事実がここに反映されています。

加圧水型も沸騰水型もアメリカの技術ですが、北海道を除く東日本はすべて東芝・日立が請け負い、ジェネラル・エレクトロニック社（GE）によって基本特許がとられているタイプの原子炉を持ってきています。西日本はウエスティングハウス・エレクトリックという会社のものを持ってきていて、三菱重工が担っています。日本中の原発をたった3社が請け負っていて、しかも、地域によってちゃんと住み分けられている。そして、**計画的に政府の方針に沿うかたちで原子炉を順次増やしてきた**のです。

これを知ると小学生でも、原発は自由競争の世界とはまったく切り離された、計画経済と言えるやり方で進んできたものだとわかります。

● 行き場のない危険な廃棄物

原発の一番やっかいな問題は廃棄物です。廃棄物はいろいろな過程から出ます。ウラン燃料は、たとえばオーストラリアからも輸入していますが、そこには**採掘場があり、採掘の現場には労働者がいます。そのひとたちは被ばくが避けられません。ですから、最初の段階から多い少ないは別にして被ばくはあるし、廃棄物も出てきます。**廃棄物の放射能の強さはいろいろなレベルがありますが、一括して低レベル・高レベルと分けています。いま**特に問題なのは高レ**

ベルに相当する「使用済み核燃料」で、それを捨てる前に再処理に持っていこう、再処理をするために中間貯蔵しておこう、ということになっています。22ページで述べた六ヶ所村があるのは青森県ですが、同県のむつ市に中間貯蔵施設を建設中です。２０１２年から運転を開始し、各原発から持ち込まれた使用済み核燃料を50年間保管することになっています。

しかし実際には、今回の事故でも知られるようになりましたが、原子力発電所の各施設に使用済み核燃料貯蔵プールがつくられています。使用済み核燃料をプールの中で3～4年ほど冷やしておかなければいけないわけです。まず、冷やしてやっと再処理に持っていけるのです。

もし仮に原発をどんどん増やしたとしたら、使用済み核燃料は中間貯蔵施設にちゃんと収まりきれるのでしょうか。各原発の敷地内の貯蔵プールは、当然大きさが決まっていて、いつか満杯になります。その収まりきれなくなったものをなんとかしなければ、ということで再処理工場を動かすことにしている、とみなすこともできるのです。

前にも述べましたが、六ヶ所再処理工場はまだ正規運転を開始できずにいます。青森県には、「再処理が動くからこそ中間貯蔵を受け入れる、つまり核のゴミを受け入れる。再処理が動かなかったら中間貯蔵はいやですよ」という当然の思いがあります。「中間」ではなく「永久」になってしまうからです。そのため、もし再処理がうまくいかず、青森県が仮に中間貯蔵を拒否するようなことになったら、原子炉の敷地内で高レベルの放射性廃棄物を保管し続けなければいけなくなります。しかし、その余地はもうほとんどありません。これは原発の余命を制する大問題と言えるでしょう。

●使用済み核燃料を永久に抱えるという宿命

再処理というのは、1日で一般の原発が1年間に放出する量に匹敵する放射能を出すと言われるくらい、環境への汚染度の高いものです。さらに問題となるのは、**再処理した後に残るなにも使えない高レベル廃棄物が出てくる**ことです。

そこで政府は、約10年前、地層処分をしようと決めました。まず、液体状の高レベル放射性廃棄物をガラス原料とともに高温で溶かして、ステンレス製の容器に入れて固めます。このガラス固化体を30年〜50年保管して冷やすのです。そして、地下に３００ｍくらいの深い穴を掘って、その先に横に広い敷地をつくり、順次そこにガラス固化体の廃棄物をどんどん搬入し、半

ガラス固化体の廃棄物を30年〜50年保管する「高レベル放射性廃棄物貯蔵管理センター」。
青森県・六ヶ所村　撮影／小林晃　提供／原子力資料情報室

永久的にそこに閉じ込めておこうという計画です。それしかできないのです。ほかの国もいろいろな方法を考えましたが、すべて無理でした。

このガラス固化体の廃棄物は、ひとがこの数メートルの範囲に立ったとしたら、おそらく20秒か30秒で死んでしまうほどの放射能レベルです。それくらい非常に強い放射能を出します。ではどうするのかと言いますと、全部遠隔操作で、つまりロボットみたいなものを使って操作して、先ほどお話した深い穴に持っていき、貯め込んでゆくのです。

しかし、使用済み核燃料は高い熱を持っています。そこで、通常は、原発敷地内にあるプールで3～4年冷やしてから搬出します。そういう温度の高いものをある程度冷やす、ある程度冷やしたらガラス固化体にする、そして地層処分に持っていく。ところが地層処分に持っていくときにも放射能は非常に高いレベルですから、長い時間をかけて減らしてゆかなければなりません。最終的には放射能が、ふつうのウラン燃料と同じくらいになるまで地下に保管する、というのが目標です（図9・次ページ）。

ところがこれには、何万年とか１００万年という時間がかかるのです。人間の歴史よりもずっと長い期間、いま言った地下の倉庫のようなところでずっと監視していかなければなりません。こういったとんでもない人間のスケールを超えたモノを、わたしたちはすでに抱えてしまっています。これは現実の話です。いまの時点で、使用済み核燃料はもうたくさんありますのでほったらかしにできません。**たとえ原発を全部止めたとしても、使用済み核燃料の処理だ**

けはわたしたちは何万年と背負っていかなければいけないのは事実です。これがわたしたちの宿命です。

ＮＵＭＯ（原子力発電環境整備機構）という機関が中心となって、この計画を実施しようとしているのですが、こんなやっかいなモノを、うちの自治体の下に捨てていいです、などというところはたぶん出てきません。10年間一生懸命ＮＵＭＯが探しましたが、受け入れてくれる自治体は見つからず、どんづまりの状態です。

みなさんは**この計画に関しての電気料金が徴収されています。**電気会社から届いている電気料金の請求書には書いていないところがほとんどのようですが、中部電力のように書いているところもあります。「使

図9／使用済み核燃料のたどる道

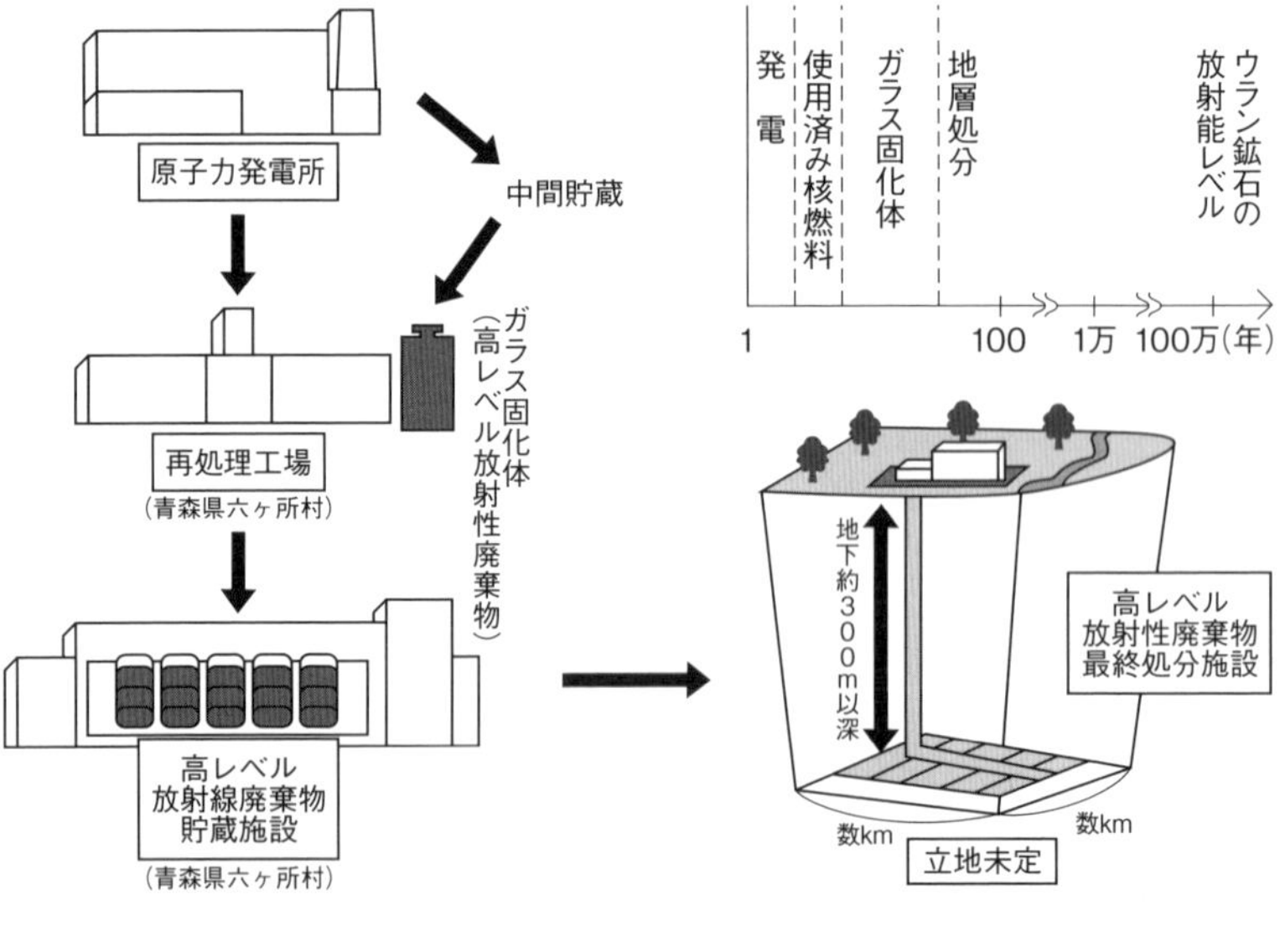

用済み燃料再処理等既発電費」と書かれているのがそれで、１kW当たり０・５円ほどが徴収されています。

●原子力発電は本当に安いか

では、よく言われる原子力発電は本当に安いのか、という点について見てみましょう。

表３-Ａ（次ページ）は、１９９９年に出たデータで、政府の言うとおりに資源エネルギー庁が試算をしたものです。火力・水力と比べると**原子力は５・９円で一番安いと試算**されています。これはある種のトリックで、先ほどお話したように稼働率が現実には日本は60％ほどですが、この試算では80％の稼働率で1年間ずーっと動かし続け、40年間老朽化せずに動くよ、という話のもとに試算されていますので、信用できません。

表３-Ｂを見てください。各電力会社が原子炉を設置するとき、１kW発電するのにどれだけかかるかを試算し、発電原価というものを出します。それを見ると全部10何円になっています。**電力会社自らがちゃんと出している数字があるのに、なぜ政府は５・９円という数字を出してくるのだろうか**、と疑問に思われると思います。

こういう初歩的なまやかしが通用すると思っている。ここに、原子力を推進するひとたちが原子力を合理的、客観的に見る視点を充分に持てずにきたことが象徴されているのではないか、とわたしは思います。

表3-A／資源エネルギー庁による電源別発電原価の試算

電源	従来の試算単価（単位：円／kWh）					99年見直しによる単価			
	85年試算	92年試算	試算条件			99年試算	試算条件		
			出力	設備利用率	耐用年数		出力	設備利用率	耐用年数
一般水力	13	13	1〜4万kW	45%	40年	13.6	1.5万kW	45%	40年
石油火力	17〜19	11	60万kW4基	70%	15年	10.2	40万kW	80%	40年
石炭火力	12〜13	10	60万kW4基	70%	15年	6.5	90万kW	80%	40年
LNG火力	16〜18	9	60万kW4基	70%	15年	6.4	150万kW	80%	40年
原子力	10〜11	9	110万kW4基	70%	16年	5.9	130万kW	80%	40年

表3-B／原子炉設置許可申請書に記載された発電源原価

電力会社	原発名	運転開始年	発電原価
北海道電力	泊2号	91年	14.3
東北電力	女川2号	95年	12.3
東京電力	柏崎刈羽2号	90年	17.72
	柏崎刈羽3号	93年	13.93
	柏崎刈羽4号	94年	14.24
	柏崎刈羽5号	90年	19.71
中部電力	浜岡4号	93年	13.87
北陸電力	志賀	93年	16.58
関西電力	大飯3号	91年	14.22
	大飯4号	93年	8.91
四国電力	伊方3号	94年	15.06
九州電力	玄海3号	94年	14.7

「原子炉設置許可申請書」には電力会社自身が計算した「皮算用」の原価が記載されています。これを見ると、90年以降に運転開始した新しい原発でも、表のように政府試算値とは大きくかけ離れています。まだ計画中の東北電力巻原発にいたっては19.96円にもなっています。これらの数字は運転初年度のものです。 原発は、建設費が高いために運転開始20年以上たたないと安くならないのです。

●膨大な研究費が原子力に

今回みなさんは福島の事故が起きてから、東大の先生をはじめとした専門家が、放射線に関して「ただちに影響の出るものではありません」、「レントゲン何回分に相当するだけです」などとコメントするのを頻繁に聞かれたと思います。あれらの先生たちはもちろん大学からお給料を貰っているのですが、それだけではありません。研究費を貰います。どこからかと言うと、おもに国からです。国は原子力予算というのを持っていて、その原子力予算のかなりの部分を研究費が占めています。その研究費について、仰天のデータがあります（図10・次ページ）。

各国の、国全体のエネルギーのための研究開発費とその内訳のデータです。アメリカと日本はエネルギーのための研究費が多く、スウェーデンやドイツ、フランス、フィンランドと比べると、桁が違います。それらの国の研究費はずっと少ないのです。では、**日本はどこに一番研究費を使っているかというと、圧倒的に原子力**なのです。

アメリカと比べても3倍近い数字です。なぜこんなに原子力の研究をしなければいけないのか。もちろん、これは世界が諦めている高速増殖炉や地層処分などを全部やるぞ！　と考えているがゆえの面もあります。省エネルギーにはそれなりに研究費を回してはいますが、**自然（再生可能）エネルギーに関しては微々たるお金しか回っていません。**

このように、日本のエネルギー開発予算は、原子力以外のエネルギーに対して、大きく差をつけてきたという現実があります。

図10／各国のエネルギー研究開発予算

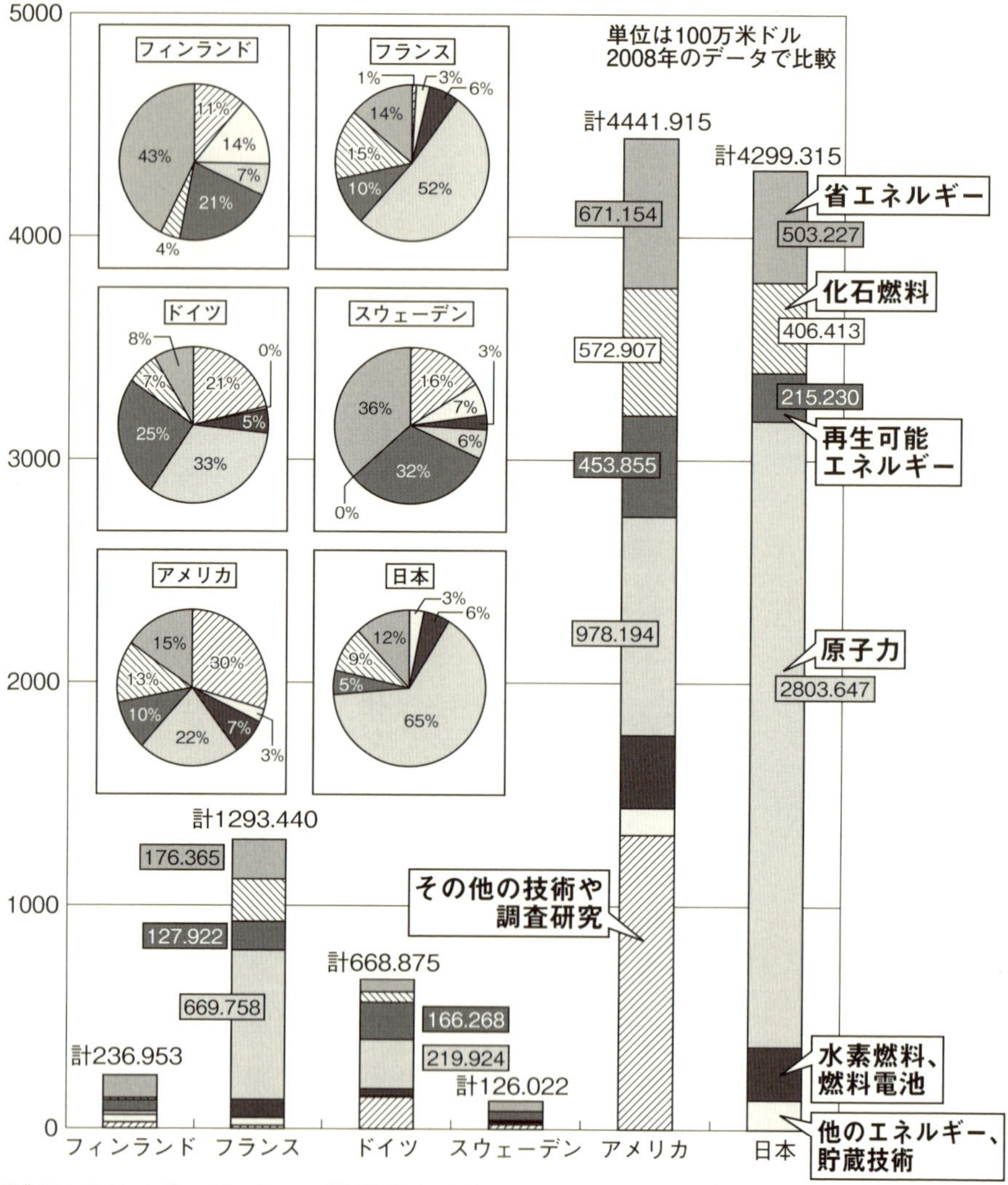

出典:IEA Guide to Reporting Energy RD&D Budget/Expenditure Statistics　のデータベース
http://www.iea.org/stats/rd.asp

そして、この研究費で潤っている先生方が大勢いますし、あるいは東京電力が出資する研究機関がいくつもありますので、そこに社員を出向させて、たくさんのお金を使って研究します。そういう体制が、がっちりと組まれてきたのが原子力の特徴です。

もうひとつお金がらみでいうと交付金です。原発1基受け入れると、総計で何百億というお金が受け入れた自治体に入ってきます。どの自治体も「大きな事故は絶対に起こらない」という国・電力会社の言い分を信じ、国の政策に協力するため受け入れを決めたのでしょうが、ある面では、政府の決めた条件をのんで自分たちの自治体が潤うということとの引き換えで選択した一面もあります。

●電力会社は絶対に損をしない、電気料金のカラクリ

電気料金の原価は発電・燃料・運転・営業・宣伝などすべて合わせて定まります。その原価に、報酬として原価の4・4%を上乗せされて電気料金が決まります。これが**「総括原価方式」という電力会社が決して損をしない仕組み**になっているもとです。巨大なお金のかかる原発をつくれば、すべて原価に跳ね返ってきますので、電気料金は当然上がります。これまでずっと、電力会社はこの仕組みのもと、なんの心配もなくこれからも原発が建てていけるぞという態勢でやってきたのです。

しかも、9つの電力会社はそれぞれの地域を独占しています。わたしたちが安い電力を別の

会社から買いたいと思ってもできません。いわば自由市場とはまったくかけ離れた状態です。ただ、１９９０年代から電力の自由化が導入されました。電気をつくって売電することも可能になったのです。電力の自由化は原子力にとっては脅威なはずです。価格競争という面で考えると、コストが膨大にかかる原子力ではたちうちできないので、自由市場になればおのずと事態は変わってくることも考えられます。ところが、この流れをはばむ大きな問題があります。

●電力自由化をはばむ送電線問題

ご存じのように、東京電力は東京電力管内で原発を建てているかというと、そうではありません。考えれば福島や新潟など東京からずいぶん遠いところ、東北や北陸で発電した電気を首都圏に持ってきています。ものすごく長い送電線を使って電気を送るので、当然これは送電ロスが起こります。原発の仕組みを説明した際にお話した**排熱で出てくるロス**、それから長い送電線を通すことによって起こる**送電ロス**があり、わたしたちが10の電気を使うために、じつはその３～４倍分の電力を確保しておかなければいけません。だいたい１００つくって30くらいしか届いていないと考えてください。

電気でお湯を沸かす類の「熱源として」電気を使うことは、非常に非効率的なのですが、それとは別に、そもそも**送られてくる電気そのものが効率がよいものではない**ことを踏まえ、わたしたちは電気のつくり方、送り方、使い方を考えなくてはいけません。

送電線という仕組みがポイントのひとつです。送電線は電力会社の所有物です。したがって、たとえば地域の自然エネルギーで電気をつくったとしても、送電線に組み込めなければほかで使ってもらうことができません。しかし、ある一定容量を超えるようなほかからの電力の組み込みは、送電の系統を乱し電力が不安定になるという理由で拒否されることもあり、組み込み（「系統連系」と言います）のためのルールをどうするかが、大きな問題となっているのです。そういう意味で**送電線の電力会社独占は、自然エネルギーを拡大していく際に一番大きなネックになる**と言えるでしょう。

たとえば、いま電力を自家発電でつくって、それを売るという会社がたくさん出てきています。ところが電気をつくっても送電線を使うときに莫大なお金を払わなくてはならない。そうするとコスト高になってしまって、有効利用されていません。**送電線は発電部門と切り離して別の会社がやる、あるいは公有化するなどの方向性を示さないと、本当の意味での電力の自由化は実現しないでしょう。**さらに、自然エネルギーが増えていったはいいが、使えない、ということになりかねないので非常に重要な問題です。

そういう方針も、震災後この1年ぐらいで見通しが示されると思います。送電線はきちんと管理しないと電力の安定供給ができなくなってしまいます。送電線がちゃんと管理されて、いろいろなひとが参入できて、しかも電力を安定的に供給するようにしていけるか、みんなで検討するべき問題なのです。

第4章　子どもが生きる未来のために、いまわたしたちがすべきこと

●「原発がないと電力不足」は本当か

日本の火力・水力・原子力を合わせた発電施設の設備容量と、夏のピーク時の最大電力需要をつなぎ合わせたグラフを見てみましょう（図11）。東京電力管内だと4割くらい、日本全体でみると2割6分くらい、3割弱くらいの電力を原子力に依存しています。

いま「3割くらい電力を節約しなさい」と言われたら、いつごろの暮らしに戻ると思いますか。このグラフで言うと、**1980年代の終わりぐらいの生活レベルの電気の使い方**です。わたしたちは1980年代の終わりごろ、そんなに生活が貧しかったでしょうか。そんなことはありません。ふつうに生活していましたよね。

ということは、電力をどんどん供給できるように増やされたということと、それに応じて、わたしたちは知らないうちに、**電気をたくさん使わされるような生活に追い込まれていったこ**とを認識しなくてはならないのです。わたしたちは少し意識を変えて、80年代だって別に不便ではなかった、だから節電しても電力を減らしてもいいんじゃないの？　という基本的なスタンスに立つことが、今後まず必要なのではないかと思います。

図11／発電施設の設備容量と最大電力の推移

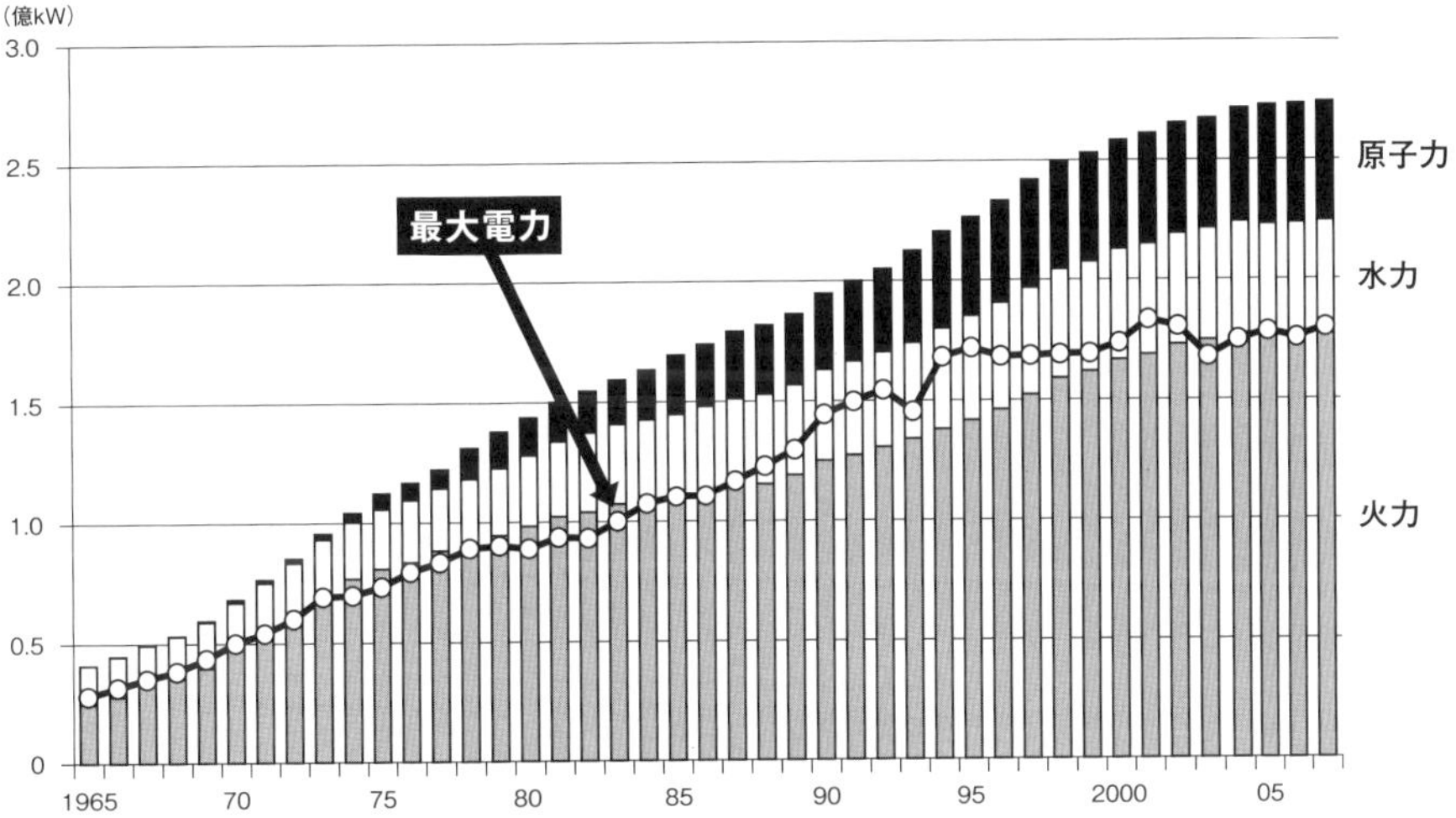

最大電力が火力＋水力の発電能力を超えたことはないので、原発なしでも停電することはない。
出典：『エネルギー・経済統計要覧』(1994年版～2009年版)　グラフ作成／藤田祐幸

原子力をもし仮に全部なくしたとしても、火力や水力をフル稼働させれば日本全体としてはなにも困らないと言えます。ただし、フル稼働できるかどうかは地域によって差がありますし、一律にはいかないかも知れません。ですから工夫がいるのは事実です。

しかし、市民として、電力消費者として、「足りなくなる」と言われ、「そうですか……」と引いて諦めてしまうのは間違った考え方だということを知っておきましょう。

エネルギーの足りる足りないという点に関して、たしかに全体のバランスを取るためにわたしたちは省エネをしていく必要があり、長い目で見たときにもっと省エネをしていくのは賢いことだと思います。しかし、理由もきちんと示されないまま強制的に計画停電が実施されて、病院や鉄道など公共的なものにまで大きな制約を受けるのは、たいへんおかしなことだと思います。

●市民参加で将来の電力供給について根本方針を固める

現在定期点検中で止まっている各地の原発は、福島の事故以来、運転再開の了解を地元自治体から得られず止まったままという事態が続いています（＊9）。さらに、現在稼働している原発も来年の春までにすべて定期点検の時期に入りますので、このままいけばすべての原発が停止する、ということも起こりうると思います。わたしたちもこれからのエネルギーについて真剣に考える時期が来たとも言えます。

まず国から、電力需要のまかない方についての根本方針が、だれでも納得できるかたちで提出されるというのが重要です。たとえばひとびとに過度に負担をかけないかたちで、業界にも一定程度の省エネの対応を要請し、いろいろなことの組み合わせで乗り切れますよ、という大きな見通しを示すことがまず必要です。その点が不安定だと生活がそもそもガタガタになってしまいます。**根本方針を固めたうえで、自然エネルギーをどのように増やしていけばよいか、長いシナリオをたて、順次実現していくこと**が必要です。

一人ひとりができることとして、個々の省エネも大事なのですが、それだけでなにかできるというのは幻想です。個々の省エネはどうしてもバラバラに動いてしまうので、製造業などの電力の大口需要も含めて、効果的な省エネをどう全体で集積していくか、市民にもわかるかたちで政策を決めることが大切になるのです。

（＊9） 定期点検中だった九州電力玄海原発2号機3号機の再稼働に対して、政府の原発安全宣言、再稼働要請を受け、6月29日、いったんは地元自治体が再稼働を容認する意向を示したが、その後新たな安全基準に対する政府の統一方針が定まらないため、地元は困惑を深めている。

●自然エネルギーの可能性

自然エネルギーは地域ごとに適性があります。環境省は2011年4月21日、「平成22年度再生可能エネルギー導入ポテンシャル調査の結果」を発表しました。そのなかでもっとも有力視されているのは風力発電ですが、日本では風力発電だけで、原発7～40基分の発電が可能と試算しています。試算上はこのようになっているのですが、そんなに簡単にゆくものではない、という現実が一方ではあります。

たとえば大きな風車が立っていると、皆さんはよいイメージを持つかも知れませんが、日本で、風車が立っている地域では、風車に反対しているひとが結構います。景観を崩すということもありますが、低周波音に悩まされているといった事例もあります。あるいは、とても不思議な話ですが、個々の風車がどれくらい電力をつくっているかというデータが公開されていないことが多いのです。その理由は当初目標に打ち出していた電力量を達成できず、エネルギー供給の点でお寒いかぎり、という風車が少なくないからでしょう。

ですから、自然エネルギーを増やすためには、**地域の特性と電力の安定供給をどう達成していくのかという点での事前の調査をしっかり行う**必要があります。

太陽光に関しても、日本は残念ながら巨大なパネルを広げられる場所はあまりないと言っていいでしょう。たしかにビルや家の屋根につけるのはその建物自体で使いますので、送電線に電力を組み込む必要はなく、すぐにつくりだした電力を使えるメリットがあります。そういう方向で、新規の建造物に組み込んで増やしていくのはひとつの賢いやり方かと思います。しかし、太陽光は、エネルギー効率が低い、蓄電できない、設置面積あたりの発電量が少ないという特徴があり、さらに太陽光パネルをつくるコストなども含めると、値段が非常に高くなります。たとえば固定価格買い取り制度などをうまく導入しながら、初期段階で上手に普及させていくことを政策としてやらなければ普及は望めません。

ただひとつ言えるのは、**自然エネルギーの〝離陸〟に要する費用は、〝脱原発〟でまかなえるはず**だということです。大島堅一教授（立命館大学）によれば、「国の財政資金は原発費用として年間４０００億円ぐらいある。さらに、再処理費をやめれば、その分の11兆円も回せる。再処理のため税金のようにkW時当たり０・５円ほど電気料金に上乗せ徴収されている金額は年間３０００億円くらい」（毎日新聞・京都版２０１１年4月10日付）あるのですから。

そのほかの自然エネルギー、小水力、地熱、バイオマスに関しても日本は高い技術を持っています。じつは昭和初期、つまり原発もなく、石油が全国津々浦々にまで行き渡ることのなかったころは、それぞれの地域でそれぞれの自然エネルギーが利用されていました。ですから、**かつてその地ではどのような自然エネルギーを利用していたのかをしっかり見直して、地域のひとのつながりを深め、そこに都会のひとたちがよいかたちで連携を組み、自然エネルギーをお互いに上手にシェアしていくやり方が必要**なのではないかと考えます。

政府の補助金が出るから、あるいは町おこしだといって、利益だけを目的とした会社が乗り込み、発電設備だけつくって、あとはうまく維持できなくてもその責任は持てません……では、悪いことのくり返しになってしまいます。ただ単に自然エネルギーというイメージだけでイエスと言うのではなく、地域で支え育てるための綿密な工夫が必要とされるのだと心得ておくべきだと思うのです。

●市民のひとりとしてなにができるか

もう少し、「自然エネルギーの地域の適性」ということについて、市民一人ひとりにできることを考えてみましょう。

まず、第一歩として、自分たちの自治体がどれくらい電力を使っているかをきちんと見ることです。その電気をどこから買っていて、もし電力需要が不足した場合に、どうやってまかなうのかを知る、そういった地域単位での電力の使い方をもう一度チェックしてみることが大事です。

さらに、もし原発が止まるとしたら、何割落ちになるのか、その分をどこからまかなってくるのか、ということをコミュニティで話し合うといいと思います。自然エネルギーに関しても、そのコミュニティのなかで、いますぐには無理だけれども、5年後、10年後ぐらいに、小規模の太陽光、風力、バイオマスなどの組み合わせのなかで、うちの地域だったらどの方法が一番現実的で、どれが一番経済的で、ということをちゃんと考えてみるといいと思います。川のあるところだったら小水力もいかせるでしょう。

地の利をいかした自前の、つまりほかからもらわない、ほかから買わない、という電力をどれぐらい自分たちでつくれるのかを考えてみる。それが**「真のエネルギー自立」**につながるはずです。

●知恵を集めよう

自然エネルギーへの転換は一気には無理です。ドイツは、国内に17基ある原発を2022年までに全廃することを決めました（2011年6月30日）。現在はフランスが原発でつくった電力を買いながらも、2020年までに自然エネルギーの割合を現在の17％から35％に引き上げることを打ち出しています。それぐらい明確な意思表明と努力がいるということです。

わたしは原発がすべて止まることを望んでいます。原発がないなかで、いまの生活レベルを落とさずに安定的な電力供給を行っていくには、たくさんの知恵が必要になります。

でも、逆に言うと「これもやれるよね、あれもやれるよね」と**組み合わせながらやっていくのは、ある意味ではおもしろいと思いますし、ひとのつながり、地域のつながりを新たに築いていくうえでも大切**だと思うのです。

１９８０年代に戻ることで生活のレベルが落ちる、と感じるひとがどれだけいるかということです。知らない間に使わされていた、ほんとうは使わなくても困りはしない電気がきっと3割ぐらいある。そこを上手に、「なんだ、減らしても全然平気じゃないか」と思えるような、そんなやり方が模索できるといいと考えています。

第5章　質疑応答
子どもを放射能から守るために

Q　東京都内に住む2児の母です。福島第一原発事故の収束のめどもたっておらず、親として、いつまで子どもの放射線被ばくを避ける生活をしなければならないのか。いま現在も放射能汚染は進んでいるのでしょうか。先の見えない不安を感じています。

A　原発がいま（2011年6月末日現在）の状態を維持し、あらたに大きな事故を起こさないかぎり、いま原子炉から出ている放射線レベルというのはそれほど高くありません。ただ、放射能濃度の高い気体を外に放出する事態が起こると、風向きなどによっては、いろいろなところでの空間線量が変わってくることは想定できます。

外部被ばく（＊10）のリスクという意味では、いまたとえば東京・新宿の空間線量は自然放射線（＊11）とあまり変わらないレベルになっていますので、ほとんどあらたな放射能は来ていないということになります。ひとつの目安として年間累積被ばく限度量の1ミリシーベルトを基準に考えると、東京の新宿でいまのレベルが続くなら、そのおおよそ半分の年間0・5ミリシーベルトぐらいになります。ただ、問題は土が汚染されていれば、それを除去しない限り、下から浴びる空間線量はずっと続きます。おおまかにいって4月以降にわたしたちが浴びている放射能は、空気中を流れているものからよりも、土からのものです。また、ずっと水がたまっているような場所や、雨水がたまるような場所にある泥も注意が必要です。

もし、あらたな事故が起こらなければ、やはり土の汚染の激しい地域を早く除染していくのが基本になります。

（＊10）からだの外から放射線を浴びること。対して「内部被ばく」は放射性物質を吸い込んだり、飲食物を通じて体内に放射性物質を取り込むなどして、体内で長期間放射線を浴びることになるため、その危険性が指摘されている。

（＊11）自然界のほとんどの物質にもともと微量に含まれている放射性物質から出される放射線。ひとは日常生活を送るうえで、全世界平均では年間2・4ミリシーベルトの被ばくをしており、日本における値は年間平均1・4ミリシーベルトとなっている。年間累積被ばく限度量1ミリシーベルトという基準は、自然放射線による被ばく以外から受けた量を指す。

Q　関東で外あそびを促しているNPOをやっています。関東の親ごさんも外あそびに対して不安を感じている方がたくさんいらっしゃいますので、ガイガーカウンター（放射線測定器）を導入しようと思っています。どのような基準で選んだらよいのでしょうか。

A　それをひとことで言うのはとてもむずかしいのです。というのは放射線の測定器は用途に応じたさまざまな種類があり、精度もいろいろです。測定器の情報を取りまとめた有用なサイトもありますので、それを参考にしてください（巻末のサイト一覧参照）。

おおまかに言うと、

◎空間線量のみを正確に測るには……ガンマ線（＊12）の計測が可能なシンチレーション式。正確ではないが、土壌に近づけて、その大まかな汚染の度合いも測れる。

◎付着している放射性物質による汚染（土壌や葉物など）を測るには……ベータ線とガンマ線が測れるガイガーカウンター。食べものなどの表面の汚染はおおまかに知ることができるが、取り込まれた放射性物質までは正確に測れない。簡易なものだと精度がよくないものが多い。

◎食べものなどに取り込まれてしまったものを正確に測るには……右記の機器では無理。非常に高価な、周りを遮へいするための分厚い鉛で覆われた、専門機関が持つ測定器を使う。

ひとつ個人でできることとして言えるのは、行政が各地で測定している機関がありますので、そこがどういった測定器でどういうデータを出しているのかをまずしっかり調べてみてください。それがひとつの目安になると思います。

また、モニタリングポストのデータを読むときに、**地上から何メートルの高さで測定したデータか、という点をセットで読む**ことです。本来計測は、地上からたとえば１ｍの高さで測るなどと、統一されているといいのですが、現状はそうなっていません。自治体以外の方たちが測っているデータが出てきていますので、近隣でこんなに値が違うのはおかしいのではないか？　という発想もしてもよいのではないかと思います。

みなさんが判断される場合は、たとえば東京で公式に報告された線量データのうち、線量の高いホットスポットと言われるところが何ヶ所かあります。それを頭に入れたうえで、自分たちの住んでいるところの空間線量を測ったとします、そのとき、頭の中で地図を描きます。ひょっとしたらこの辺は高いかもしれない、とある種の予測をつけながら測っていって測定ポイントを増やしていくしかないと思います。

（＊12）放射性物質から放出される放射線の種類。ヨウ素131とセシウム137はベータ線とガンマ線、ストロンチウムはベータ線を出す。ベータ線は透過力が弱く薄いアルミニウム1枚で遮へいできる。ガンマ線は厚い鉄板のようなものでないと遮へいできない。内部被ばくでもっとも深刻なのはプルトニウム239が出すアルファ線で、紙一枚で遮へいできるが、体内に取り込んだ場合、ベータ線、ガンマ線とくらべ、20倍の電離作用を持つとされる。

Q　いま、お話があったホットスポットと言われる地域に住んでいます。窓を開けて暮らしてよいものかどうか、マスクをするのは有効なのか、具体的なところを、お聞かせください。

A　正直に申し上げて、絶対的な目安というものはないのです。優先すべきなのは、まず妊婦さん（胎児）、次いで乳幼児ということになりますから、そうしたひとの場合、一番よいのは、もし本当に汚染度の低い場所に移動して過ごせるのなら、そうして欲しいです。たとえば、夏休みの期間に1ヶ月よそで暮らすことができるのなら、そうしてください。

個人的な防衛策として、もし土ぼこりがよく舞うような環境で過ごされているならマスクはしたほうがよいです。からだに付着するものは洗い流せばある程度除去できますが、**食べものなどからからだに取り込んで内部被ばくしてしまったらそう簡単に排出されません。**人間が1日に呼吸で取り込む空気の重量は自身の体重の約3分の1もあり、そこから取り込む放射線の量を減らしていくのが妥当な方法です。

子どもたちに関しては**土ぼこりの多そうなところではマスクを**、それも少し濡れたようなマスクをしてほこりを吸わないようにすることです。これでかなり内部被ばくを低減できます。

Q　布団や洗濯物は外に干さないほうがいいのでしょうか。

A　干した衣服や布団に放射性物質が付着するのは事実ですが、払い落とせないわけではありません。そうした物質は、空気中のチリやほこりにくっついて漂っているからです。**付着した外のチリやほこりを吸い込まないように**、ていねいに外で払い落とせば、被ばく量はちいさくなります。

Q　食べものの汚染についてはいかがでしょうか。

A　日々の報道がどこまで克明かということはありますが、食べものの汚染はこれからじょじょに進んでいくはずです。事故から3ヶ月たちますと、セシウムが問題になってきます。放射性ヨウ素の半減期は8日。3ヶ月で1000分の1近くになっている計算です。

それに対し**セシウムの半減期は30年と長く、土壌に蓄積され、土から野菜などに取り込まれていくことが想定**されます。約80日で体外に排出されますが、食べものから長期間にわたってからだに取り込むことには注意が必要です。ですから、基準値は下回っているけれども、汚染が高そうだなと、それなりに値が出ている種類の食品は控えておくなどの対策をとるしか現状はないでしょう。水でよく洗う、煮炊きをするなどすれば、付着した放射線が流れ出て軽減できる可能性はあります。

いま気になっているのはストロンチウムです。**ストロンチウムの半減期は約29年で、骨に取り込まれやすく、いったん取り込んだら排出されないまま体内で放射線を出し続けて**、骨髄がダメージを受け、**白血病や免疫系の病気になる恐れ**が出てきます。ストロンチウムに関しては測定データが少なく、心配されるところです。

Q　魚類は、産地、種類、加工法などで気をつけることはありますか。

A　セシウムは半減期が30年ですから、食物連鎖を通じて生体濃縮（＊13）が進み、放射能汚染が蓄積されていきます。ただ、どの海域やどの魚種で汚染がどう広がっていくかを予測することはたいへんむずかしく、モニタリングの結果を見て食用にするかどうかを決めるしかありません。加工法で魚の中の放射能を減らすこともあまり期待できません。

食べものの汚染に関して、消費者に詳細なデータが公表されていないのが問題です。たとえば公的な機関が、子ども向けの汚染度の低い食材やそれらを利用した食事形態など、実践可能なサンプルをつくっていく。だれでもそうした情報にアクセスできるようにしていかないといけない、と思います。

（＊13）生体濃縮…体外に排出されにくい化学物質が、食物連鎖の上位にある生物のからだに蓄積されていくこと。

【編集部注】食べものについては、本書と共に刊行されるブックレットシリーズ００２『食べものと放射能のはなし』（安田節子）に詳しく紹介しています。

Q　2歳と5歳の子どもがいて妻が妊婦です。水素爆発があってすぐに九州に1ヶ月間逃げました。子どもおよび妊婦にどう対処していったらいいでしょうか。

A　ひとつの目安として受けとってほしいのですが、ちいさいお子さんや妊婦さんがいらっしゃる場合は、空間線量がたとえば3～4マイクロシーベルト／時（ちいさい子であればあるほど厳し目に考える）、になってきたら、明らかに危険だと思います。それよりもひと桁下だったら要注意ということで、とりうる対策を個人的に講じるのが適当かと思います。基本的には被ばく量を減らすことのできるあらゆる手段をとる、と考えていただけたらよいと思います。

というのは、この放射能汚染があと1年から2年も続くかもしれないという可能性があり、さすがにこれでは、東京にいたとしても、2年もいたら1ミリシーベルトを超えるレベルになります。ですから、避難されたのは正しいと思います。水素爆発などがあった初期段階で、圧倒的に汚染度が高かったので、そのときどう過ごしたかによって、わたしたちの被ばく量は大きく変わるのです。その最初のときに避難をされていますので、いま東京の新宿近辺の放射線レベルでずっと住んでいたとしても、ものすごく心配しなければいけないというほどではないと思います。ですが、**お子さん、妊婦さんには、やはり可能な限り減らしてゆくように対処していただきたいと思います。**

Q　水道水からも放射性物質が検出されています。歯ブラシや食器類を洗うのは汚染された水道水でもいいのでしょうか。子どものプールあそびは控えたほうがよいでしょうか。

A　福島第一原発事故のあと、関東の1都6県の水道水から放射性ヨウ素131やセシウム134、セシウム137が検出されました。3月17日に厚生労働省は、それまで準拠してきたWHOの「飲料水水質ガイドライン」に示されている「ヨウ素131は10ベクレル／ℓ、セシウム137は10ベクレル／ℓ」という基準を緩和して、ヨウ素で300ベクレル／ℓ、セシウムで200ベクレル／ℓ、ただし乳児にはヨウ素131では100ベクレル／ℓを超えるものは使用しないようにする」を国内の基準と定めました。

緩和する前のWHOの基準で判断すると、関東圏ですでに3月22日~26日あたりに乳児は接種を控えたほうがよいと思われる、ヨウ素の高い値が出た地域もありました（その後、値は総じて基準値以下、および不検出となっています）。これらは空気中のチリや雨に含まれる放射性物質が水道水に混入したためですが、今後は、土壌を汚染しているセシウムが雨などで表土が流され、川を通じて飲料水のほうに移行する恐れもあります。それぞれの地域の水道局では、毎日測定したデータを公開していますから、こまめに点検してみましょう。

ただし、**これはあくまで体内に取り込む飲み水についてであり、それ以外の用途では体内に取り込むことはほぼないか、付着する場合でもごく微量ですので、現時点（6月末日）では心配は無用**です。いま東京周辺で計測されている汚染レベルの水道水をプールに入れて、その中で泳いだとしても、からだの外側から被ばくする量も無視できるほどにちいさいと言えます。

Q　保育園の園庭や砂場、学校の校庭や地域の公園の土壌は取り除いたほうがいいでしょうか。行政がやらないのなら親がやったほうがいいのでは、と話しています。

A　いま除染したとしても原発事故の状況がどうなるか見えませんので、本当に効果があるのかどうか保証できないという点があります。もうひとつはどれくらいの頻度でその土を使うのかです。その上で子どもたちが走り回るのか、ひとがときどき歩くだけなのか、あるいは草が生えているだけなのかなどです。つまり、用途によって違ってくると思います。もしひとが通らないような環境であるならば、東京であればしばらく放っておく。そうすればすこしずつ線量は落ちていきます。すぐに除染しなければならないというほどのレベルではないだろう、ということです。

ただし、**子どもたちが泥んこあそびをするような土であるならば、もう一度精密に測ってみて、かなり高めの線量を示すのなら、少なくとも子どもたちが吸い込まないように**対処をするのがよいと思います。土を全部とってしまうというのはひとつの手ですが、非常にお金がかかりますし、とったあとの、その土をどうするか、大きな問題です。1ヶ所やったらほかの場所はどうなんだと当然話が広がってきます。やるのであれば、計画を立てて自治体の協力のもとにきちんとだんどりを決めて臨まれることをおすすめします。

●情報を得るために役立つサイト

福島第一原発の状況により、今後汚染状況や対処法などが変わってくる可能性があります。補足として参考になるウェブサイトを紹介します。

◎原子力資料情報室…http://cnic.jp/

◎市民科学研究室…http://www.csij.org/

◎放射能汚染食品測定室…http://www.housyanou.org/

◎食品流通構造改善促進機構…http://www.ofsi.or.jp/

◎セイピースプロジェクト…http://www.saypeace.org/

◎よくわかる原子力…http://www.nuketext.org/

◎文部科学省「全国の放射線モニタリングデータ」…http://www.mext.go.jp/

◎Ｇｏｏｇｌｅマップでの「放射線測定ネットワーク」…http://ht.ly/4exnv

◎グリーンピースジャパン…http://www.greenpeace.org/japan/ja/

◎放射線計測器に関する有用な情報サイト「放射線・放射線測定器のメモ」…
http://www.mikage.to/radiation/

◎子どもたちを放射能から守る 福島ネットワーク ブログ
http://kofdomofukushima.at.webry.info/

クレヨンハウス・ブックレット　同時発売

002『わが子からはじまる　食べものと放射能のはなし』

安田節子（食政策ビジョンセンター21代表）／著

3・11以降の「食」の原則／いま、わたしたちが「食の安全」のためにできること／放射線の人体への影響／放射能を除去する、食品の調理・加工の仕方／3・11後の食生活〜放射能の取り込みを防ぐために大切なこと〜／現状を乗り越え、子どもたちに、原発のない世界を残していくために／Q＆A　質疑応答

上田昌文

うえだ・あきふみ／「ＮＰＯ法人市民科学研究室」代表理事。「生活者の視点に立った科学知識の編集と実践的活用」をテーマにさまざまな取り組みや研究を続けている。２００５年～２００７年に、東京大学「科学技術インタープリター養成プログラム」特任教員を務めたほか、出産・子育て支援のコミュニティウェブ「ベビーコム」エコロジーページの執筆・監修者なども務める。放射線リスクについての講演や雑誌連載の執筆など多数。低線量被曝研究会メンバーのひとりとして編纂にかかわった改訂新版『原爆調査の歴史を問い直す』を２０１１年３月に上梓。

クレヨンハウス・ブックレット　００１

わが子からはじまる
原子力と原発　きほんのき

２０１１年8月15日　第一刷発行

著　者　上田昌文
発行人　落合恵子
発　行　株式会社クレヨンハウス
〒107・8630
東京都港区北青山3・8・15
ＴＥＬ　03・3406・6372
ＦＡＸ　03・5485・7502
e-mail　shuppan@crayonhouse.co.jp
URL　http://www.crayonhouse.co.jp
表紙イラスト　平澤一平
装　丁　岩城将志（イワキデザイン室）
図版作成　千秋社
構成・編集　大武美緒子
印刷・製本　大日本印刷株式会社

ISBN 978-4-86101-195-5
C0336　NDC539
Printed in Japan